鳥はどこにいる!?

地図・植生・フィールドサインから探る

野鳥観察を楽しむフィールドワーク

藤井 幹

誠文堂新光社

はじめに

子供のころから生きものが好きでした。小学校の脇にある細い用水路には大きなドジョウがたくさんいて、放課後、日が暮れるまで用水路に顔を突っ込み、泥んこになりながらドジョウを素手で捕まえていたことをよく覚えています。中学生のころは裏山がマイフィールドで、学校帰りに裏山で基地を作ったり昆虫を探したり、古い貝塚を掘って土器を見つけたりしていました。子供のころの良い遊び場として、この裏山でいろいろな経験をしました。専門学校に入ってからは鳥好きの友人ができたこともあって、鳥に傾倒。鳥の羽根に興味を持ち、学校の先生も含め鳥の羽根を識別できる人がいないことを知り、羽根の収集、識別方法の研究に没頭しました。「羽毛の識別法ー識別図鑑作成の試みー」というテーマで卒業研究をまとめ、それがベースとなり羽根の識別に関する書籍を世に出すことにつながっています。

卒業後は日本鳥類保護連盟に入り、すぐに神奈川県に建設中の宮ケ瀬ダムの環境影響追跡調査に従事しました。建設省（現・国土交通省）のダム工事事務所に席があり、月曜日はそこで打ち合わせや結果の取りまとめ、それ以外は山の中で調査を行うという仕事を8年間続けました。鳥がメインですが哺乳類や両生類、爬虫類、昆虫、そして植物の移植まで幅広くやり、

毎日自分で考え行動した8年間が、鳥類の識別や調査方法、企画立案の考え方、報告書の取りまとめなど幅広いスキルの土台になっています。鳥類標識調査者（バンダー）と呼ばれる、鳥を捕まえて環境省の足環を装着する資格を取ったのもこのころです。宮ケ瀬ダムが完成し宮ケ瀬から離れた後も日本鳥類保護連盟の仕事として、海から川、山、そして海外といろいろな環境で調査をこなし、いろいろな人と出会い、いろいろものを吸収してきました。それらの経験は今の私の財産であり宝物です。世の中には大学や研究機関で調査を専門的に行う人、調査専門でフリーランスとして渡り歩く人、世界中に鳥を見に行く人などつわものはたくさんいて、私などが野鳥観察や調査について語ると失笑されるかもしれません。特に日本はアマチュアの研究者が日本の鳥類学を支えていると言っても過言ではなく、つわものは多いのです。ただ、私のような中途半端な人間が語ったほうが、ハードルが下がり読者の心に届きやすいのではと今から言い訳ばかり考えています。

2023年4月

藤井　幹

もくじ

III章 フィールドで役立つ服装と装備

IV章 フィールドに出かけよう

V章 野鳥を調べてみよう

VI章 フィールドサインを楽しもう……193

I章

野鳥観察の楽しみ方

楽しみ方のいろいろ

「野鳥観察」という言葉から始めると、双眼鏡や望遠鏡を持って鳥を追いかけているというイメージが先行しますが、それだけではありません。実際、野鳥の楽しみ方はいろいろあると思います。例えば、鳥を題材とした絵を描く人、写真を撮影する人、声を楽しむ人、私のように羽根を拾う人もいれば、古巣を集めている人もいます。また、野鳥を観察しに出歩くのではなく、餌台や水場を置いて鳥を自分の庭に呼び楽しむ人もいますよね。生態に興味を持ち研究対象として見ている人もいますし、狩猟対象として楽しんでいる人もいます。私が生まれるよりも前の時代であれば、捕まえて飼育したり、剥製《はくせい》にして飾ったり、食べたりすることで野鳥に接していた人もいました。現在では、狩猟鳥以外は許可なく捕まえられず、食べる機会もないと思いますが、野鳥の楽しみ方は一つではないということです。

禁止されていることをのぞけば、一通り楽しむのもありです。ちなみに私は、「鳥は好きですか？」と聞かれると「見るのも食べるのも好きです」と答えます。もちろん普通にスーパーで買える鶏肉や鴨肉のことですが、野鳥の味に興味がないわけではありません。

昔の人が食の対象としていた野鳥。私の周りにも味の感想を言える人はいます。あれはおいしい、あれはまずい、あれはまずいけれど、こういう処理をすれば食べられる……など。スズメであれば焼き鳥屋で食べた経験はありますが、それだけです。狩猟鳥についても食べたことはなかったはずです。記憶にないので食べていないことにしましょう。野鳥の味について語っている人が、少しうらやましかったりもします。

話がそれましたが、野鳥の観察を始めるのに、ここから始めなければいけないという決まりはありません。皆さんは鳥を見て何を思いますか？　かわいい、かっこいい、きれい、おいしそう？　など、いろいろだと思います。

そして、興味を持つ部分もいろいろだと思います。これから野鳥観察を始めようかなと思っている人だけでなく、この書籍に興味を持ち手に取ったということは、野鳥の何かに惹かれているはずです。固定観念にとらわれず、おもしろそうだと思うことから始めてみてください。

野鳥の何かに惹かれたあなたは、すでにこの世界に足を一歩踏み込んでいます。

聞きなし

皆さん「聞きなし」という言葉を聞いたことありますか? 聞きなしは、鳥の声を人の言葉に置き換えて表すことです。例えば、ウグイスが「ホーホケキョ」と鳴きますよね。それを昔の人は「法、法華経」とか「法を聞け」と仏教にからめて聞きなしていたようです。仏教で言えばコノハズクのさえずりは「仏法僧」と聞きなされていました。ただ、この聞きなしにふさわしいのは美しい鳥のはずという先入観から、青い鳥がこの声の主だと思われていたとか。そう、ブッポウソウです。そのためコノハズクは、声のブッポウソウとも呼ばれています。

その他、ホオジロのさえずりは「一筆啓上《いっぴつけいじょう》仕《つかまつ》り候《そうろう》」、イカルのきれいなさえずりは「お菊《きく》二十四《にじゅうし》」、ツバメの複雑で長いさえずりは「土喰うて虫喰うて口渋い」、センダイム

ウグイス

センダイムシクイ

シクイは「焼酎一杯ぐい」と聞きなされています。また、外来種であるコジュケイの声は「ちょっと来い、ちょっと来い」と聞きなされます。

これらは昔から知られる聞きなしですが、これにこだわらず、鳥のさえずりを聞いて何を言っているか、想像してみると楽しいと思います。例えば、私はお腹が空いているときにウグイスのさえずりを聞いたら「ポー、ポテト！」と聞こえます。ポテトはポテチ（ポテトチップス）とも聞こえるかも。また、イカルが「キーコーキーキー」とさえずれば「コーヒーちょうだい」と言っているように聞こえます！　鳥たちが楽しくおしゃべりしているようで、鳥の声を聞くのが楽しくなってきます。

地域によるさえずりの違い

皆さん、野鳥は種が同じならどの個体も同じようにさえずっていると思いますか？

そんなことはありません。私たち人間にそれぞれ個性があるように、鳥にもさえずりに違いがあります。鳥は生まれた後、周りで鳴いているさえずりを聞いて学習します。そのため、地域によっても違いが出ます。私は「方言」と呼んでいますが、これを意識すると鳥のさえずりがまた一段と楽しいものになります。この方言を身近で体験しやすいのがホオジロやウグイスです。

ホオジロの「一筆啓上仕り候」は速いので、違いがよくわからないかもしれませんが、私は他の府県に調査で行った際に、ホオジロのさえずりを聞いて一瞬、「?」となることがあります。すぐに消去法で「ホオジロか!」となるのですが、そういうことが多い鳥の一つです。また、ウグイスも「ホーホケキョ」をノーマルとした場合、「ホーホケケキョ」とケが多かったり、「ホーホケッ」と聞こえるようにキョが曖昧であったりと違いがあります。個体差ではないかと思われるかもしれませんが、その地域では周辺個体も同じようにさえずっているのです。

この違いは留鳥《りゅうちょう》だけかと思っていたら、渡り鳥でも違うことがありました。それはサンコウチョウです。サンコウチョウは夏鳥として南の国から渡ってきます。渡り鳥に地域差はないと思っていたのですが、関東でよく聞くサンコウチョウのさえずりと京都府で聞くさえずりが違っていることに気づきました。サンコウチョウは「月日星《つきひほし》ホイホイホイ」と聞きなされるために三つの光でサンコウチョウ（三光鳥）とされていますが、その月日星のフレーズには意外と個体差があり、月日星に聞こえないものもいます。京都府の奈良県境に近い場所に行ったときに聞いたサンコウチョウが、いつも聞くのとはかなり違う個体差を越えた月日星だったので、鮮明に頭に残っていたのですが、京都府の西側、大阪府境で聞いたさえずりが同じフレーズだったのです。サンコウチョウにも方言があるのかと感動した瞬間でした。

巣立った個体も含め、生まれ故郷に戻ってくることが多いことから方言が生まれるのだろうと思いますが、おもしろい体験でした。皆さんも個体差を越えた方言のあるなしに注目してみてください。きっと楽しくなるはずです。

サンコウチョウ

一人か大勢か

野鳥を見にフィールドに出るとき、一人か二人か、はたまた大勢か、いろいろな機会があると思います。性格的なものもあるので、一人でぶらぶらするのがいいという人もいるかもしれませんし、大勢のほうが楽しくていいという人も当然いるでしょう。また、そのときどきで違ってくるとも思います。ここでは、それぞれのメリットについて考えてみます。

まずは複数人の場合ですが、鳥を見る目が増えるので、その分、鳥を見つけやすくなります。また、珍鳥を見つけても写真が撮れなかった場合、単独での確認は誤認の可能性から記録として承認されにくいという問題があります。また、思いもかけない鳥を見つけたときに喜びを分かち合える人がいるのはいいものです。そう考えると、複数人で行くほうが良さそうですね。しかし、多すぎると問題も出てきます。人それぞれ体力は違いますし、野鳥観察への興味の度合いも違うので、もっと歩きたいと思う人がいれば、もう帰りたいという人も出てきます。飲食やお手洗いの問題も出てきたり、環境によっては鳥への影響もあるので、あまり大勢でというのは観察会でもない限り避けたほうがいいかもしれません。

では、一人で観察するメリットは何でしょうか。何より自分のペースで野鳥観察ができるのはいいですね。例えば車の中から撮影したり、動画を撮影したいと思ったりしたときなど、一人がいい場合は多々あります。撮影のためのポジションどりで譲らなければならないとか、動画撮影では他人のシャッター音や話し声が入ってしまうなど、ストレスがたまるときがあるのです。野鳥観察を楽しむためには、このようなストレスがたまることは避けたいですから、一人、複数人、それぞれにメリット・デメリットがあることも認識しておきましょう。

その年の初〇〇

日本には四季があり、鳥も秋から冬に越冬のために渡って来る鳥、春から夏にかけて繁殖のために渡って来る鳥、1年を通して見られる鳥など、同じ地域にいても見られる鳥は季節によって変わります。また、春が近づき暖かくなってくると、鳥たちは子育ての準備をして、さえずり始めます。

こうしたその季節の初めてのものを意識していると、普段の生活が楽しくなります。例えば春、ウグイスが鳴き始めた、ツバメが渡って来た、秋になってジョウビタキが家の周りで鳴き始めた、モズが高鳴きを始めたなどなど。これらを意識しているだけで、季節の移り変わりを感じることができます。

「モズの高啼《な》き七十五日」ということわざがあります。高鳴きが聞こえてから75日後に霜が降りるという意味で、昔の人も季節の変わり目の目安にしていたようです。

また、今年はツバメが来るのが早かったとか、ジョウビタキが来るのが遅かったとか例年との違いも感じることができます。温暖化でいろいろな生き物が影響を受けているなか、その変化にいち早く気づくことができるかもしれません。

ツバメ

モズ

鳥の飛翔速度は？

「世界最速の鳥は何？」という話は、多くの人が興味を持つ話だと思います。ギネスブックではハヤブサが急降下する際の３００km／hを最速としていますが、実際はいろいろな実験結果があって、それ以上の記録も出ているようです。ただしこれは、自分で飛んだというよりは落ちたもの。水平飛行での最速はハリオアマツバメの１７０㎞／ｈがギネス記録のようです。日本でも、日本鳥学会の大会でハリオアマツバメの速度が１２０・４±３・７㎞／ｈという報告がありました。風に乗れば１７０㎞／ｈも出るのかもしれないですね。

一方、最も遅く飛ぶ鳥はアメリカヤマシギの８㎞／ｈとされていますが、この辺りの基準はどうなのだろうと思ってしまいます。ハチドリのホバリングやチョウゲンボウ、ノスリのハンギングは空中停止ですし、ハチドリは花の蜜を吸うために微妙な動きもします。

それはさておき、他の鳥の速度はどれくらいかって興味がわきませんか？　私は日常生活の中で気にして調べるようにしています。それは車を走らせているときです。車を走らせていると鳥が並走して飛んでいることがあります。それを見るとすぐにスピードを合わせてスピードメーターをチェックします。そうすると、キセキレイやカッコウ、ハシブトガラスが40㎞／ｈで飛んでいたとか、キジバトが45㎞／ｈ出たとか、ツバメが46㎞／ｈで田んぼの上を飛んで餌を採っていたとか、おもしろい情報を簡単に得ることができます。ただし、わき見運転にはご注意ください。

珍鳥を探してみる

野鳥観察をしていて珍鳥との出会いはあこがれであり、いくつになってもうれしいものです。皆さんは珍鳥を自分で見つけたことがありますか？

近年はインターネット社会で、珍鳥情報は瞬く間に全国に届きます。そんな社会になったからなのか、珍鳥は情報を頼りに見に行くものであって、自分で探してみようという感覚が薄れているかもしれません。通勤通学、散歩でいつも歩く道、よく行く公園には、スズメやムクドリ、ヒヨドリぐらいしかいないと思っている人は多いようです。けれども、そうした身近な場所にも珍鳥は現れます。気づかれていないだけなのです。最初からいないと思っていると、珍鳥がいても脳はそれを珍鳥とは判断してくれません。これでは野鳥観察の楽しさは半減してしまいます。いないだろうではなく、いるかもしれないという思考を大切にしていると、珍鳥とまではいかないまでも、「こんなところにこんな鳥がいたんだ」という気づきがあるかもしれません。

野鳥観察歴が長くなり、野鳥をたくさん見ている人ほど「珍鳥なんてこんなところにはいない」という先入観が強くなるような気がします。野鳥観察を楽しむためにも、そんな先入観は取り払って、珍鳥探しをしてみてください。

身近な鳥の楽しみ方

先ほど珍鳥の話をしましたが、身近な鳥のことも忘れてはいけません。私も人のことは言えないのですが、「スズメか」とか「ヒヨか（ヒヨドリのこと）」とか、普段いる鳥を見たときについついそんな言葉が頭をよぎります。珍鳥のことを話した後だから余計そういうことになるかもしれません。でも待ってください。身近な鳥にだって新しい発見や楽しみ方はあります。

身近な鳥の子育て

春から夏にかけての繁殖期、いつも見るスズメやヒヨドリ、キジバト、ムクドリなどがどこで繁殖しているか、気にしたことはありますか？ 彼らはけっこう意外なところで繁殖しています。スズメは電線のカバーの中や壁の排水口、ムクドリは電柱のボックスや建物の換気口、開かずの雨戸によって空間が確保された戸袋、ヒヨドリやキジバトは人がよく通る場所の垣根や街路樹など。以前、家の前の電柱でカワラヒワが営巣《えいそう》したことがあり驚いたこともあります。身近な鳥の繁殖場所がわかってくると、電線に止まっているスズメが、「スズメか」ではなく、「あの横のカバーで繁殖しているのかな？」という発想に変わります。そうなってくると普段歩く見慣れた風景が楽しくなります。さらに繁殖場所からヒナの声が聞こえてきたら、毎日その様子が気になってくるでしょう。

人との距離

人との距離も見ていると楽しいです。種によって人との距離はさまざまで、スズメは意外にも警戒心が強い鳥です。人が目を向けなければ、人の近くで平気で餌を食べているスズメも、立ち止まったり目を向けたりするとたちまち警戒して逃げていきます。彼らは、人間は手を出さないと理解はしていても警戒心を解くことはなかなかありません。これはカラスも同じですね。気にしてないよと思わせておいて急に立ち

スズメは家の換気口や戸袋など、
人間の近くに巣を作る

建物の隙間に巣を作るスズメ

止まったり目を向けたりすると、すぐに警戒態勢に入ります。

以前、リトアニアに調査に行ったときの話。リトアニアの街中で普通に見ることができる鳥の中に、ニシコクマルガラスという鳥がいます。ニシコクマルガラスは動物行動学者コンラート・ローレンツ著の『ソロモンの指輪』にも出てくる賢い鳥です。この鳥、歩いているときはまったく人を気にしていない様子なのですが、立ち止まってそちらを見ると、あわてる様子もなくゆっくりと木の陰に歩いていき、私から見えない場所に移動（体の一部は見えているのですが）。そして私が歩いて離れると、また出てきて餌探し。日本のカラスのように緊張した雰囲気もなく、あわてず身を隠す姿は賢いと思わせるのに十分でした。なお、一番警戒心が薄く、人との距離が近いのはキジバトかもしれません。

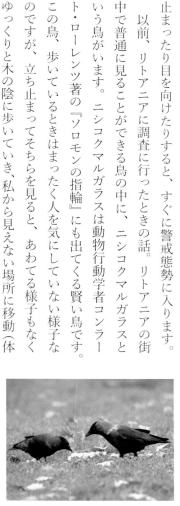

いつも見ている鳥が私たちとどれくらい距離をとっているかを観察してみるのも楽しいと思います。

ニシコクマルガラス

カラスの曜日感覚

カラスがゴミ集積場を荒らしてよく問題になりますね。我が家のゴミ集積場も、ハシブトガラス、ハシボソガラスの両方がやって来てゴミを荒らすことがあります。

ある年始の朝、外に出るとハシブトガラスがゴミ集積場の脇に止まって何やら首をかしげています。「年始でゴミも出ていないのに何をしているんだろう?」と思ってふと思い返すと、その日は通常ならば、燃えるゴミの収集日。そう、ハシブトガラスにとってごちそうがあるかもしれない曜日だったのです。

カラスは人間が決めた曜日がわかるのか?　それともゴミ出しの曜日が異なるゴミ集積場を順々に回る習慣があって、年末年始で何日も空振りを繰り返した末に我が家のゴミ集積場を訪れたのか?　いずれにしても頭が良いことに変わりはありませんね。以前、スズメの巣内雛を狙うハシブトガラスが、ヒナが大きくなるころまで待ってから襲うと聞いたことがあります。曜日がわかるかどうかはさておき、日数を数えるぐらいはできるのかもしれません。そんなカラスの頭の良さについて気にしながら観察すると、驚くような発見があるかもしれませんよ!

ハシブトガラス

鳥の行動を観察する

野鳥観察で大切なことは、じっくり見ることだと思います。観察という言葉の漢字からもわかるように、「見る」ではなく「観る」がおすすめです。

野鳥はどんな行動をしているでしょうか。先ほどの「身近な鳥の楽しみ方」にも通じるところがありますが、じっくり見るといろいろな気づきがあります。鳥が歩くとき、ウォーキングとホッピングがあるのをご存じでしたか？ 地上で採餌することが多い鳥はウォーキングする鳥が多いです。これに対して樹上や草の上などで生活することが多い鳥は、地面に降りたときには、両足を揃えてはねるホッピングをしていることが多いです。樹上では枝移りしながら移動するのでホッピングが有効なのです。

例えば同じカラスでもハシブトガラスとハシボソガラスで歩き方に違いがあります。ハシブトガラスはもともとJungle Crowと呼ばれていたように樹上を主な生活の場としてきた鳥で、ハシボソガラスは農耕地などで歩いて餌を探すのを得意とした鳥です。そのため、ハシボソガラスはウォーキングが得意であるのに対し、ハシブトガラスは歩くことは歩きますが、急ぎたいときはホッピングに変わります。

また、冬鳥として渡って来るツグミも、渡って来たときは木の実をよく食べ、餌が無くなる厳冬期には芝生や農耕地で餌を探すため、ウォーキングとホッピングを使い分けます。この他、鳥が水を飲む方法、水浴びや砂浴びなど、観察して楽しいポイントはたくさんあります。

もう一つカモについてもご紹介しておきましょう。カモの仲間には水中に潜って餌を採る潜水ガモと潜らずに餌を採る淡水ガモがいます。採餌方法の違いを見ているのも楽しいですが、その生態の違いによって体の構造が異なっています。

水中で餌を探す潜水ガモは、水中で泳ぎやすいように足が体の後方に付いているのです。その構造の違いは飛び立ちのときにも影響しています。カモは水面から飛び立つとき、足で水面を蹴って勢いをつけて飛び立ちます。そのため、体の中央辺りに足がある淡水ガモは真上に飛び立てますが、体の後方に足がある潜水ガモは水面を蹴っ

潜水ガモ飛び立ち(ミコアイサ)

淡水ガモ飛び立ち(ヨシガモ)

ても上に飛び上がれないので、水面を走りながら徐々に高度を上げていく飛び立ち方をします。カワウという鳥をご存じだと思いますが、カワウも潜水ガモと同じく水面を蹴りながら徐々に高度を上げます。ただ、その足運びがカモとは異なり、両足を揃えて蹴っています。こうした違いもただ見ているだけでは気づかないことが多いので、ぜひ「観る」を実践してみてください。

カワウの足運び

常に考える癖をつけよう

野鳥観察をより楽しむには、やはり考えることが大切です。なぜその鳥は集団でいるのか？ なぜこの木の実には鳥が来ないのか？ なぜ鳥は早朝よくさえずるのか？ なぜ鳥は空を飛べるのか？ なぜ鳥は真冬に水の中に立っていられるのか？ なぜあの鳥はあの色なのか？ なぜあの鳥は今そこに止まって動かないのか？

などなど、ただ漠然と野鳥を観察しているよりも、疑問を持つことで野鳥観察が楽しくなります。

鳥の行動に理由をつけるのは人間がそれを理解したつもりになって納得するためであり、どんなに考えても鳥が考えていることはわからないし、鳥だって本能で行動していることが多いので、私たちがこうだと思ったことを考えながらやっているとは思えません。あくまで人間の想像の話です。

しかし、それがおもしろいのです。想像は自由だし、突拍子もないことを考えても誰からも叱られません。その突拍子もないことが実は真実に近いかもしれません。

また、いろいろなことを疑ってみるのも大切です。本に書いてあったこと、ベテランの方が言っていたこと、それが正しいで終わってしまったら、想像することは止まってしまいます。本にはこう書いてあるけど本当かな?と常に疑ってみましょう。今こうして読んでいるこの本だって、鵜呑みにせず疑いながら読んでほしいと思います。そうすることで、新しい気づきや発見があり、野鳥観察はあなたの中でより楽しいものとなるはずです。

Ⅱ章

野鳥に関する知識を身につけよう

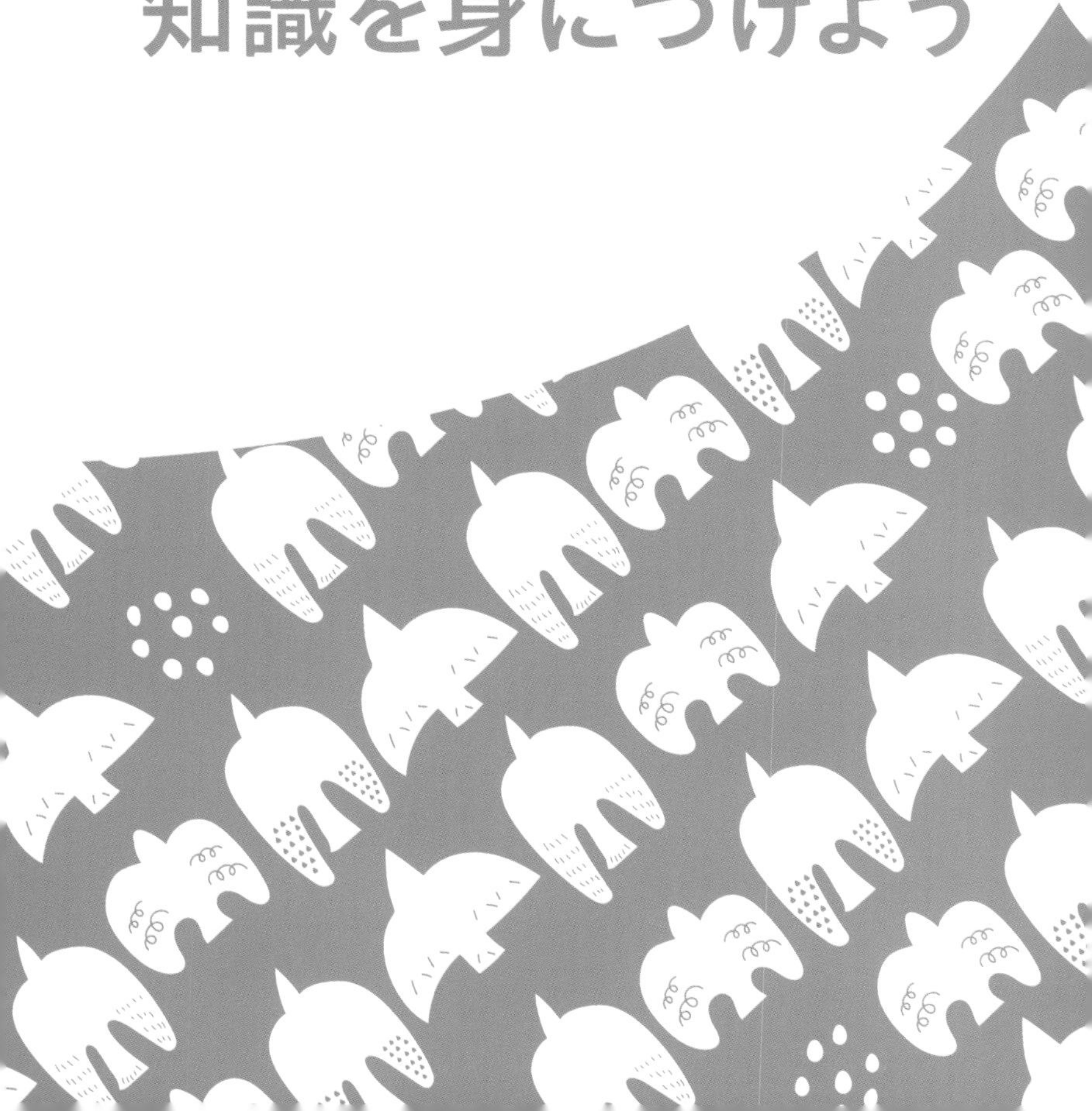

鳥とは？

鳥が鳥である所以《ゆえん》、これがあるから鳥だと言えるものって何だと思いますか？

まず、鳥の特徴をいろいろあげてみましょう。卵を産む、空を飛ぶ、巣を作る、くちばしがある、羽毛があるなどがあげられるかと思います。卵を産む動物というのは鳥以外にもたくさんいますね。昆虫、両生類、爬虫類、魚類、みな卵を産みます。空を飛ぶ動物はというと、昆虫、コウモリは空を飛びます。滑空することを飛ぶとすれば、ムササビやトビウオも空を飛んでいると言えますし、海外では滑空するカエルやヘビ、トカゲの仲間もいます。

巣を作るはどうでしょうか。これもたくさんいますね。哺乳類は巣穴を掘るし、ニホンリスは木の上に球巣《きゅうそう》という巣を作ります。昆虫もアリやハチは巣を作りますね。

次に、くちばしはどうでしょうか。これは鳥に限定されそうですが、オーストラリアにはカモノハシというくちばしを持った哺乳類がいます。そうすると残ったのは羽毛。そうです。羽毛は鳥だけにしかありません。鳥だけが持っている特徴は羽毛（羽根）であり、羽毛があれば鳥と言えるのです。昆虫にも「はね」があるという人もいるかもしれませんが、あれは「翅《はね》」と書き、鳥の羽毛とは異なります。そして、鳥は体全体が羽毛で覆《おお》われています。飛ぶための羽毛、雨風を凌《しの》ぎ保温するための羽毛、触覚の役割をする羽毛、ディスプレイのために使う羽毛、外敵から身を守るための羽毛など、羽毛をいろいろな用途に進化させています。ちなみに羽毛は生物学的な呼び名であったり、綿毛のようにふわふわしたものを羽毛と呼んだりしますが、日本語では他に「羽根」と「羽」が呼び方としてあります。この違いはわかるでしょうか。これは日本語の使い方の違いで、体から抜け落ちたものを「羽根」、体に付いている状態のもの、または翼のことを「羽」と言います。例えば飛行機の「はね」は翼を表しているので「羽」を、「はねを伸ばす」や「はねを休める」も翼や体に付いた状態のはねのことを指しているので、「羽」を使います。それに対して、「はね布団」、「赤いはね募金」、「ヘリコプターのはね」、「風車のはね」、「扇風機のはね」、「羽子板のはね」などは一枚のはねを指しているので「羽根」を使うのです。

もう一点、鳥に共通する特徴があります。それは骨が中空構造になっていること。鳥は飛ぶために体を軽

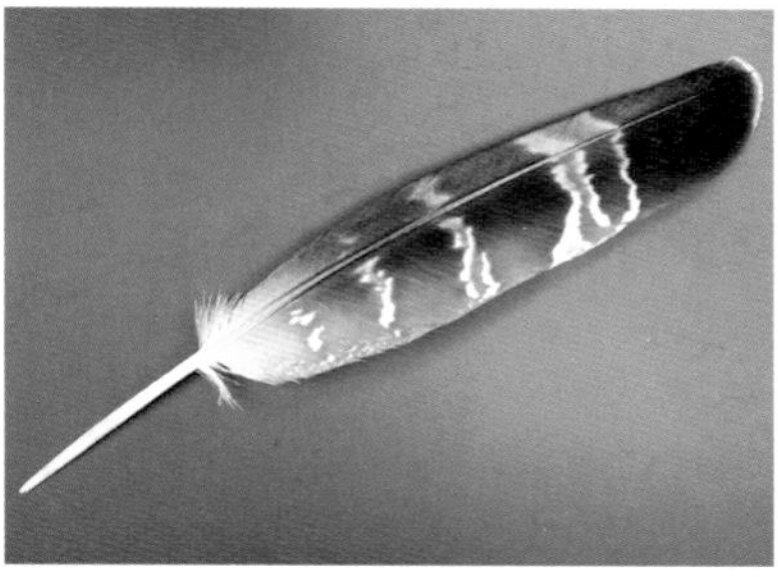

羽根

くする必要がありました。そのため、骨を中空にすることで体重を軽くすることに成功しています。これも鳥ならではの特徴ですね。

そんな鳥は世界に約1万種がいます。新発見の未知の鳥というのはそうそう出てこないと思いますが、同じ種だと思っていた鳥が別種だったとか、亜種（種より細かい分類）にしていたものが種に昇格したなど、種は増え続けているので、ここでは約1万種としておきます。30年も前は何種かと聞かれれば約９０００種と答えていたのですが、ＤＮＡ解析が進み、分類学者による研究も進み種が増えました。今後も増えていくことでしょう。その約1万種の中で、日本では６３３種が記録されています。これは日本鳥学会が２０１２年に発行した日本鳥類目録第七版の数字ですが、これもこの先増えていくものと思われます。

体の構造

鳥には翼があります。哺乳類の腕の部分が翼になったと思ってください。そして、頭部、胴体、足があります。哺乳類や爬虫類に見られる尾が鳥にもありますが、哺乳類や爬虫類とは違って骨があるわけではなく、尾羽と呼ばれる羽毛が尾を形成しています。この尾羽は通常、飛んでいるときの方向転換のための舵として、またはブレーキとして使います。骨格で他の動物と大きく異なるのは、竜骨突起《りゅうこつとっき》と呼ばれる胸の部分で、大きく突出した骨に飛ぶための筋肉が接続することです。そのため、飛べない鳥はこの竜骨突起が小さいという違いがあります。また、鳥の指は四本であることが多く、鳥の膝のように見える部分は人間でいうかかとにあたります。人間の足とは反対に曲がっていますよね。つまり鳥は常につま先立ちしている状態なのです。

内部を見てみると、鳥は食道と気道が別にあります。そのため、食べているときでも息ができます。そして食べたものは素嚢《そのう》と呼ばれる場所に蓄えられます。猛禽類が飛んでいるのを見ると喉が異様にふくらんでいるのを見ることがありますが、これは食べたものが素嚢にたまっている状態なのです。素嚢に蓄えられた食べ物は前胃に送られ、そこで消化液が分泌されます。

次に前胃から砂嚢《さのう》（筋胃《きんい》）と呼ばれる場所に送られます。この砂嚢は私たちが焼き鳥屋で食べる砂肝のことです。砂嚢は筋肉でできており、食べ物をすりつぶす役割をしていますが、ハトなどはそれを補うために、砂や小石を飲み込んで砂嚢に蓄え、すりつぶすのに役立てています。砂嚢は歯がない鳥が食べ物を押しつぶす場所なのです。

つまり、前胃で消化を始め、砂嚢で押しつぶす。私たちが口の中で食べ物をかみ砕き、胃に送るのとは逆のパターンですね。

鳥の餌の内容によって、前胃と砂嚢の発達具合が異なり、果物などを好む種では筋胃があまり発達せず、肉食の種では前胃が発達しています。その後、消化できないものはペリットと呼ばれる未消化物の塊として口から吐き戻します。そして、消化されたものは総排泄口から尿と糞が混ざった状態で排泄されます。

鳥の各部の名称

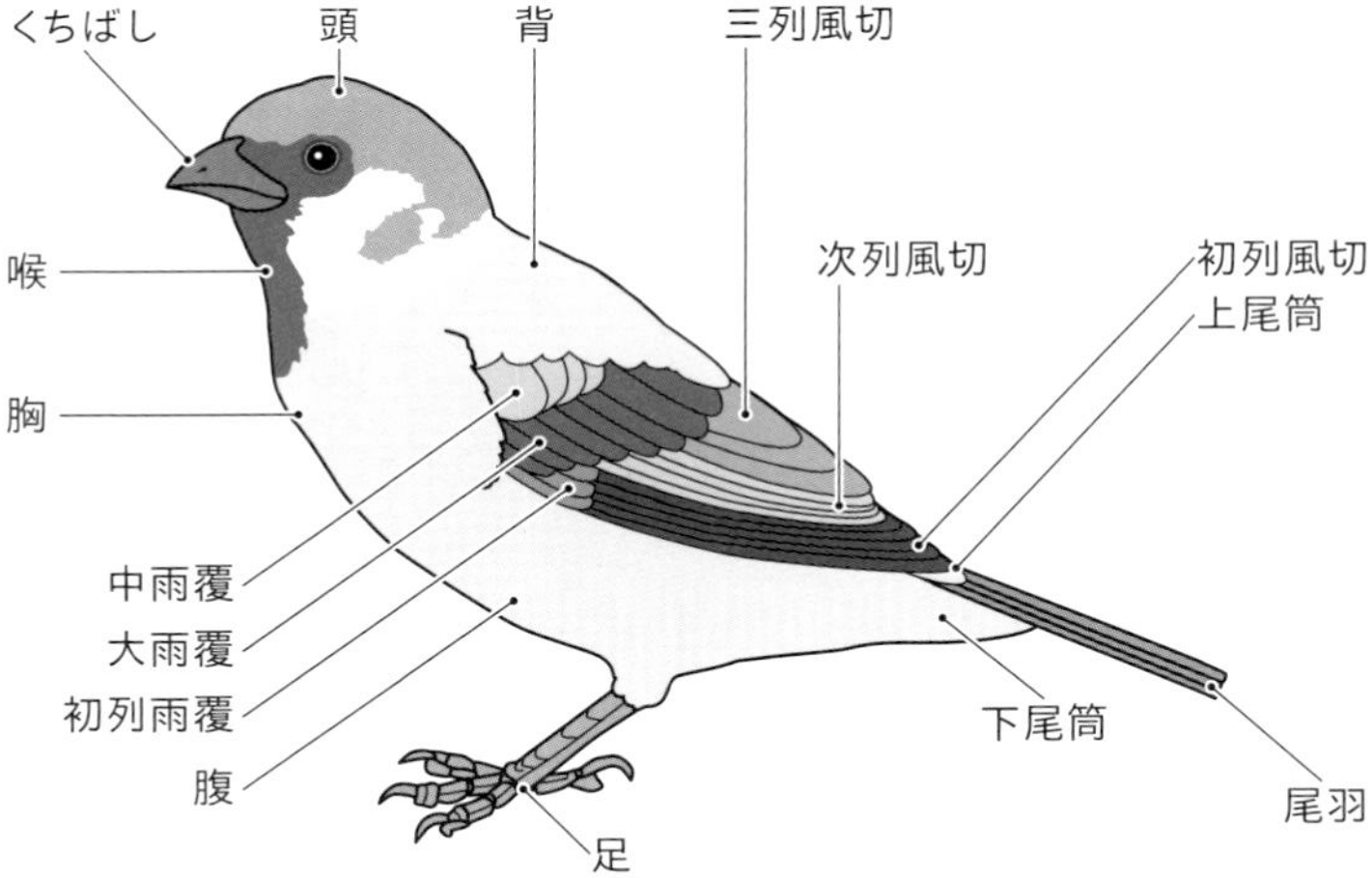

鳥の種類で見え方に違いはあるけれど、基本的な名称は変わらない。
鳥によって羽がどのように見えるのかを見比べるのもおもしろい。

鳥類の全身骨格と名称

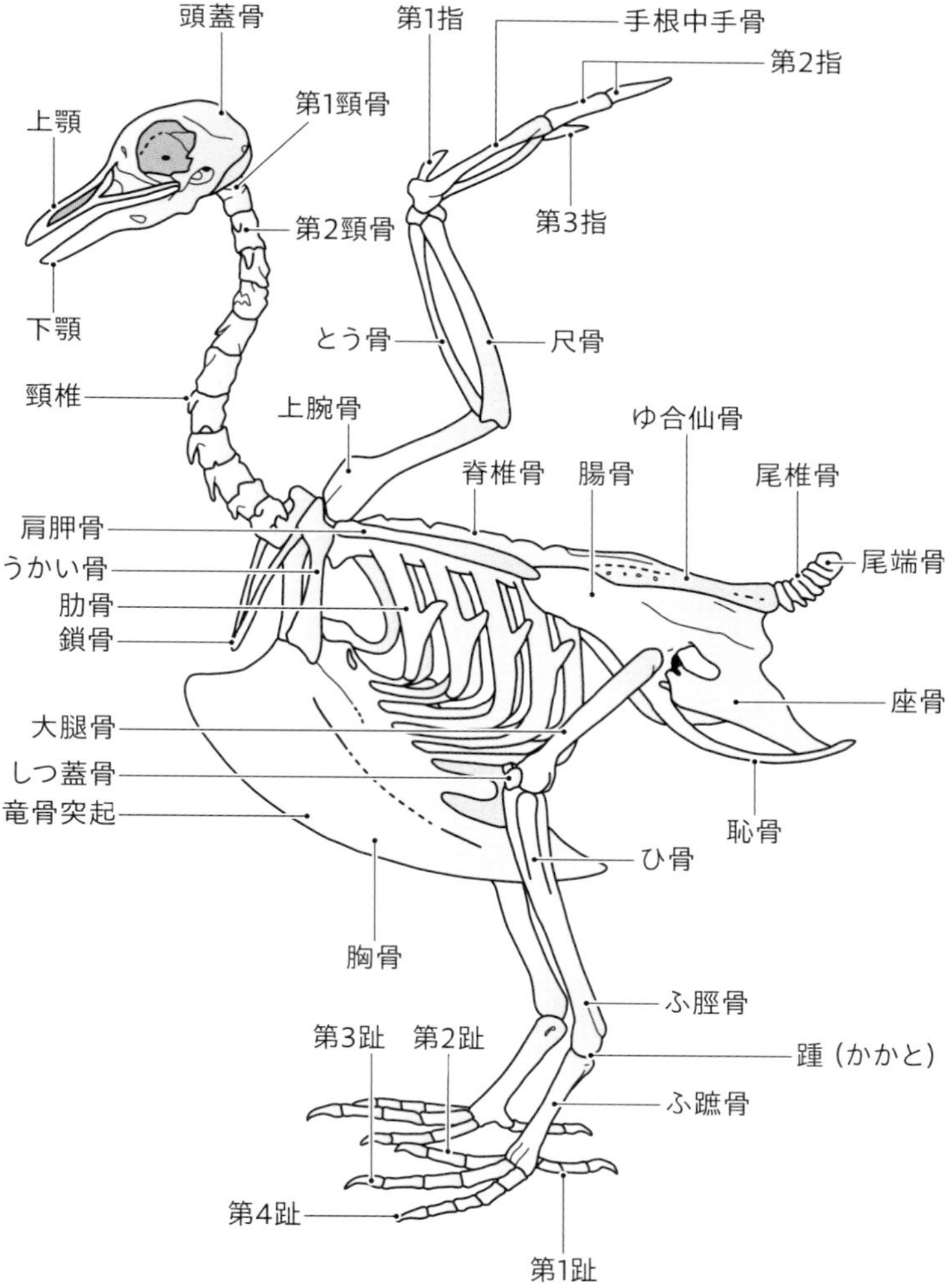

人との大きな違いは竜骨突起があること。また、人の膝にあたる部分は隠れており、人のかかとにあたる部分が足の中央にある。

鳥に関する情報を得る

インターネットが普及する以前は、鳥に関する情報を得ようと思ったら日本鳥類保護連盟や日本野鳥の会に入会して機関誌を読んだり、観察会に参加したりすることが有効手段でした。しかし、今はインターネット社会。鳥の識別点、鳥がたくさん見られる探鳥地、最新の鳥情報など、情報は何でもインターネットから得ることができます。そのため会員制度を持っている団体は会員がどんどん減っています。

ただ、インターネット上に書いてあることが本当かどうかの保証はありませんから、たくさんある情報の中から、自分で正しいと思うものを選択しないといけません。そういう意味では鳥に詳しい人から教わるか、観察会にときどき参加してみるというのは今でも有効な手段だと思います。インターネットで調べても腑に落ちない疑問などがあれば、参加した観察会で聞いてみるといいでしょう。

また、鳥の識別点はインターネット上の知識では理解できていても、実践では認識できないということがよくあります。これはインターネット上で示される識別点が、識別点をうまく撮影した写真を使っているためで、野外でそんなに都合よくその識別点を見ることができないことが多いからです。やはり最初は観察会などで誰かに教わりながら知識を蓄える方法をおすすめします。

鳥に関する情報が得られるWebサイト

2023年4月現在

我孫子市　鳥の博物館
▶ https://www.city.abiko.chiba.jp/bird-mus/index.html

日本初の鳥の専門博物館。観察会やフィールドワークなども行っており、サイト上でその情報を知ることができます。

日本の鳥百科（サントリー）
▶ https://www.suntory.co.jp/eco/birds/encyclopedia/

サントリーホールディングス株式会社が運営するWebサイト「サントリーの愛鳥活動」コンテンツの1つ。日本に住む野鳥の百科事典で、鳴き声を聞くこともできます。

今日からはじめるバードウォッチング（サントリー）
▶ https://www.suntory.co.jp/eco/birds/birdwatching/

「サントリーの愛鳥活動」のWebサイト内のコンテンツの1つ。バードウォッチングに役立つ道具、気をつけたいこと、マナーなどの情報を得ることができます。

キヤノンバードブランチプロジェクト
▶ https://global.canon/ja/environment/bird-branch/index.html

キヤノン株式会社が運営。「野鳥写真図鑑」や「野鳥の撮りかた」などのコンテンツがあります。

公益財団法人　日本鳥類保護連盟
▶ https://www.jspb.org/discovery-main

足跡の楽しみ方など、野鳥の専門家による情報や豆知識が随時発信されています。

認定NPO法人　バードリサーチ
▶ https://www.bird-research.jp/

「鳥の鳴き声図鑑」などのコンテンツがある他、観察会をはじめとするイベント情報を随時発信しています。

公益社団法人　山階鳥類研究所
▶ https://www.yamashina.or.jp/hp/toppage.html

安全に鳥類を捕獲・放鳥する技術を学ぶ「山階鳥学セミナー」を開催しており、その情報もサイトで知ることができます。

公益財団法人　日本野鳥の会
▶ https://www.wbsj.org/

自然保護団体。全国の連携団体（支部）や会員、支援者で連携して自然保護活動に取り組んでいます。

鳥の種類を覚える

インターネットで情報が集められるようになる前は、鳥が好きな人は図鑑を隅から隅まで眺めて、見たい鳥にあこがれ、出会う日を楽しみにしていたものです。そういう時代を過ごしていると、いつの間にか鳥の種類を覚えていたという人が多いです。とはいえ、図鑑で覚えましょうというような受験勉強みたいなことは言いません。やはり野外に出て覚えるのが楽しくて一番です。自分の住んでいる県や市で、どんな種がどれくらい見られるかは知識として調べておきたいですね。こんなときこそインターネットの出番です。いろいろな情報が出回っていると思いますので調べてみてください。ちなみに東京都（島嶼《とうしょ》のぞく）は３３４種とされていて、さらに23区内で見ると１００種ぐらいのところが多いようです。市街地でも、年間を通して１００種以上は見られると思います。この中にはスズメやキジバト、ハシブトガラスにハシボソガラス、ムクドリ、ツバメ、ヒヨドリ、カルガモなど誰でも聞いたことのある種も入っています。そのため、まずは家の周りから攻めていくのがいいのではないかと思います。スズメやムクドリなど、識別に自信がある種は鳴き声も含めてさらに自信をつけ、それ以外の種を見かけたり、声を聞いたりしたときに、いつもと違う鳥がいると反応できるようになればしめたものです。あとはそれを繰り返すことで自然と識別できる種が増えていきます。まずは自信のある種の識別能力に磨きをかけましょう！

自分が住んでいる地域にどんな鳥がいるかわかってくると、見えている世界が変わります。初心者には新しい種を識別できる度に感激できる初期の楽しみもありますが、やはり鳥が識別できてくると、その地域を本当の意味で楽しむことができます。以前、学生のころにアフリカのケニアにあるマサイマラ国立公園に行ったことがあります。車から見えるのは知らない鳥ばかり。識別できていなくても100種以上は確実にいたとわかるほどに多様な鳥がいました。それだけでも十分楽しかったのですが、今いくら思い出してもたくさんいたとしか言えません。やはり種を識別してケニアという国を堪能したかったと今でも思います。ちなみに、ケニアは次の年も行くつもりでいました。しかしバイトを続け、旅費のローンを払い終わったのは1年半後。二回目のケニアは夢と散りました。

人間の脳はいろいろな出来事と合わせると覚えやすいと

身近にいる鳥

カワウ

カイツブリ

キジバト

アオサギ

カルガモ

ドバト

ウグイス

カワラヒワ

シジュウカラ

オナガ

ツグミ
ヒヨドリ
ジョウビタキ
ハシブトガラス
メジロ
スズメ
ハシボソガラス
ヤマガラ
コゲラ
ハクセキレイ

いう性質があります。観察会という場、○○さんと一緒にいたときは暑い日だった、○○を食べていたときは楽しく話していたなど、鳥を見たときにあったいろいろな出来事と一緒に覚えると、記憶に残りやすいですよね。特にアクシデント系の出来事があったときに見た鳥は忘れにくいものです。誰かと一緒に見ていて、その人が池に落ちたとか。とはいえ、それをあえてするのはやめておきましょう。

鳥を見わけるために

鳥を見わける方法はいくつかあります。声で見わける。シルエットで見わける。大きさで見わける。飛び方や歩き方、餌の探し方、採り方で見わけるなどの他、季節である程度絞るというのもあるかと思います。

声は一番難易度が高く、インターネットでもYouTubeなどで聴くことができますが、インターネット越しにいくら聞いても全然頭に残らないのが常です。やはりフィールドに出て、鳴き声を聞き、鳴いている鳥を見つけ出して声と声の持ち主を頭の中でドッキングさせるのが一番なのですが、なかなか簡単ではありません。それればかりやっていると成果があがらないので、苦痛になってくる場合もあります。

声で見わける点に磨きをかけたいのであれば、やはり鳥に詳しい方について回り、教えてもらうのが一番だと思います。また、最近は皆さんスマートフォンを持ち歩いているでしょうから、わからないと思ったら録音して誰かに聞くというのもありだと思います。

シルエットは慣れてくれば良いヒントになりますが上級者向きかと思います。くちばしが長いとか太いとか、尾羽が長いとか短いとかといった基本的な情報の他に、止まったときの姿勢もポイントになります。止まっているときに体が斜めになっているか直立しているかです。これを短い時間で判断しないといけませんが、見わける技術を磨くには避けて通れない部分です。徐々に目を慣らしていきましょう。

大きさは簡単なようで奥の深いポイントです。カラスとスズメと言えば大きさで見わけがつくかと思いますが、ヒヨドリとホオジロとなった場合、近くならわかっても遠いと間違えることがあります。同じ種でも距離によって見える大きさは異なりますから、実際はけっこう大きさが違う種でも見誤ることがあるのです。大きさによる識別能力を磨くためには、まず身近な鳥をたくさん見ること。近くで見ても遠くで見てもスズメはすぐにわかるというぐらいたくさん見ることです。これが物差しとなり、他の種の識別につながります。

注意しなければいけないのは、双眼鏡は同じ倍率のものを使い続けることです。倍率によって鳥の見え方は変わりますから、使う双眼鏡の倍率が変わると自分の中で蓄積してきた大きさの基準が崩れます。そうすると、いつも見ていたスズメでも「スズメってこんなに大きかったっけ?」と自信が揺らぐことになりかねないので気をつけましょう。

次に、飛び方や歩き方、餌の採り方など行動も見わけるポイントになります。例えばカラスが遠くにいて、「ハシブトガラスか、ハシボソガラスか、どっちかな?」と思ったとします。くちばしなどの形状やオデコを見ても何だか中途半端でどちらか決めかねるということも出てくると思います。そんなときはウォーキングをしているか、ホッピングを織り交ぜているかに注目してみましょう。ウォーキングばかりしていればハシボソガラス、そうでなければハシブトガラスと推定することができます。

同じ芝生にいる同じような大きさの鳥でも、動きの違いで識別できます。例えばムクドリはひたすら歩いているけれど、ツグミは「だるまさんが転んだ」のような動きで走ったり止まったりしています。また、セキレイは尾羽を常に振っているし、モズは尾羽をぐるぐる回しています。飛び方も、スズメやムクドリのように直線的に飛ぶのか、ヒヨドリのように波状(波を作るように)に飛ぶのか、キツツキのようにヒヨドリよりもっと大きな波状なのかなどが見わけるポイントとなります。

餌の探し方、採り方もポイントです。猛禽類であれば、上空を飛んでいて空中停止をしたら、それはノスリやチョウゲンボウです。また、小さな鳥が水面をまっすぐ飛んで空中停止し、水に飛び込んだらそれはカワセミでしょう。そういった特徴のある餌の探し方、採り方を覚えておくといいですね。

最後に季節ですが、その鳥がその地域で夏鳥なのか冬鳥なのか留鳥なのか、情報として覚えておいたほうがいいと思います。この情報は、たくさんある選択肢を減らすのに役立つ情報です。

これらを踏まえ、鳥の生態をしっかり観察しましょう。机上で身につけた知識ももちろん必要ですが、フィールドでたくさん見て頭に焼きつけた情報は、色あせない宝物で、識別のときには理屈ではなく役に立ってくれます。

200種撮影してみる

以前、鳥にあまり興味のない部下に鳥を覚えさせるため、1年間で日本鳥類目録に掲載されている種を200種撮影するというミッションを出したことがあります。200種というのはかなり高いハードルで、200種撮影するためには、むやみに歩き回っていては達成できません。まず、候補となる種の選定から始め、それらの鳥がどの時期に見られるのか、どういう環境に行けば見られるのかを調べて計画的に進める必要があります。期間は1年間ですから夏鳥のように限られた時期にしかいない鳥は、その時期を逃したら、チャンスは消えてしまうのです。

また、その鳥がいるという環境がわかっても、その鳥の生態、行動が理解できていなければ見つけることはできないでしょう。ただ単に「見た」ではなく、撮影しなければならないので、鳥の警戒心の度合いもポイントになります。つまり、200種を撮影するためには、鳥のことを勉強すると同時に、鳥への近づき方も身につけないといけません。歩いていたらたまたま撮れたでは200種は夢のまた夢なので、狙って撮影しないといけないのです。

これを1年間続けると、見たい鳥がだんだん出てくるので、この鳥はどこに行けば見られるかという質問をよく受けるようになりました。思いつきで出したミッションでしたが、なかなか良い方法だったようで、最終的に200種は達成できませんでしたが、良い経験を積ませることができました。

識別のスキルアップのために

撮影することでスキルアップする話をした後ですが、少し矛盾する話をします。

最近、肉眼や双眼鏡で見て種を識別するのではなく、写真を撮ってからその画像を見て種を識別する人が増えています。カメラがフィルムからデジタルに変わったことで撮影できる枚数が飛躍的に上がったこと、撮った画像を即座に見られること、そして解像度が良くなっていることから、有効な手段と言えます。

ただし、識別のスキルを上げたいのであれば、この方法に頼らないほうがいいでしょう。鳥を識別するための情報は外部形態だけではありません。どういう行動、動きをしていたかも重要なポイントになります。木の枝を移動しながら餌を探していたか、枝から飛び出してはまた戻るという採餌方法

フライキャッチ。
枝先などに止まり、飛び立っては虫を捕らえて戻ってくる行動。フライは「飛ぶ」ではなく「ハエなどの虫」の意味。

（フライキャッチ）であったかなどです。

また、同じ行動でも種によって違いが出てきます。例えば猛禽類が羽ばたきながら飛翔するとき、小型の鷹のほうが羽ばたきは速くなるので、羽ばたきの速さをオオタカ、ハイタカ、ツミを識別する際の判断材料とすることがよくあります。その他大型ツグミであれば、一般の大型ツグミ類より大きなトラツグミのほうが重そうに飛びます。このような行動の特徴は、観察するより前に写真を撮ってカメラの画像を眺めていては得られない情報です。「鳥を見わけるために」でも話しましたが、行動、動きの違いというのは環境や見るシチュエーションで見え方も変わるので、頭で理解するよりたくさん見ることが重要です。つまりスキルアップのためにはカメラに頼るのではなく、肉眼や双眼鏡で鳥の動きをたくさん見て頭に焼きつけてほしいと思います。

最近、野鳥を観察するのではなく野鳥を撮影対象として追いかけている人もいます。特に定年退職後に時間とお金に余裕ができた人が写真撮影から野鳥の世界に入ってきたという話をよく聞きます。こういった人たちの中には双眼鏡を持ち歩いていない人

も増えているようです。望遠レンズが双眼鏡の代りなのでしょう。しかし、ファインダー越しに見ていても野鳥の識別スキルは上がりません。撮影対象としているだけだからスキルアップは望んでいないという人もいるでしょう。しかし、野鳥の生態、行動などを理解せずに鳥に近づき、そして近づきすぎて野鳥に悪影響を与えるケースが後を絶ちません。被写体としての野鳥であっても、被写体がいなくなっては意味がありませんから、被写体の野鳥のことをもっと知ってほしいと思います。

また、スケッチもスキルアップには有効です。私たちは意識してしっかり観察しているようで、やはり漠然と見てしまっている感は否めません。しかし、スケッチをすればその鳥の細部まで目を配ることになります。絵心がある人とない人でやる気度が違うかもしれませんが、絵が下手でもいいので野鳥の行動や特徴をスケッチしてみるとスキルアップにつながります。皆さんもチャレンジしてみてください。

動画を撮ってみよう

世の中、鳥の写真を撮る人は多いのですが、動画を撮る人は少ないかと思います。

YouTubeが出てきて、そこに上げる動画を撮影している人もいますが、まだ少数派だと思います。一つには動画を撮っても使い道がない、容量が大きくなるので保管が大変という人もいるのでしょう。しかし、動画は意外にもスキルアップに有効な手段となります。撮影するためには彼らの動きを予想して追いかけなければいけませんし、撮影しながら動きの一挙一動まで神経を張り巡らせ撮影することになります。つまり動画を撮るということは、鳥の行動、動きをしっかりと観察することになるのです。

また、撮影した動画を見返して思わぬ行動に気づくこともあります。写真には写真の良さがあり、動画には動画の良さがあるので、どちらかをすすめ、どちらかをすすめないということはありませんが、動画の撮影にチャレンジすると、鳥に関する情報量は確実にアップするのではないかと思います。

一羽の鳥を追いかけてみよう

鳥を見るとき一羽の鳥をひたすら追いかけるという機会は珍鳥でもなければなかなかないと思います。繁殖期や、鳥が警戒して嫌がっているのに追いかけ回すのはよくないですが、例えばシジュウカラやメジロが木から木へ移りながら餌を探しているようなとき、近づきすぎない距離で追いかけてみてほしいのです。

どれだけ追えるかはわかりませんが、一羽の鳥が何をしているのか、餌を採るにしてもどういうところを探して何を食べているのか、食べているときの仕草、同種との距離、または他種との距離はどうかなど、種だけ識別して素通りするのではなく、ぜひ一羽の鳥をとことん追いかけて観察してみてほしいと思います。

「この鳥はこんな行動をするんだ!?」という驚きや発見が必ずあるはずです。そして、それがその種だけでなく、他の種を識別する際にも役立ってくるはずです。ぜひ試してみてください。

自分の思考を分析する

鳥を見る機会が増え、種が識別できるようになり経験も豊富になってくると、鳥を見たときに瞬時に種名が頭に浮かぶようになります。これまでの経験によって蓄積された情報から、脳が瞬時に種名を導き出しているのです。これはこれでいいと思いますが、ここでもう一歩踏み込んでみてください。なぜ自分はそう思ったのか。ヒヨドリが飛んでいたのを横目で見ながら「ヒヨドリか」と頭をよぎる。道端から飛び出した鳥を見て「キジバトか」と思う。そのとき、何を根拠に種を特定したのかを考えてみてほしいのです。

形や色、飛び方、大きさ、もしかしたら季節によっているいないの情報も頭に入っていたかもしれません。なぜ自分がそう思ったのかを自己分析していくと、識別能力は間違いなくアップします。観察会などで誰かに鳥の見わけ方を教えるような機会があれば自然に身についていくものではありますが、そういう機会を誰もが持っているわけではないので、常に考える癖をつけて識別力アップを目指しましょう。

Ⅲ章

フィールドで役立つ服装と装備

服装と装備を揃えよう

フィールドに出るには、まず服装と装備ですね。人によっては格好から入るという人もいますので、ここは読むポイントと考えている人も多いのではないでしょうか。とはいえ、野鳥観察は手ぶらでも楽しめる一方、装備を追求し始めるとキリがないというものでもあります。また、どこに何を目的で行くかによっても変わってきますし、季節でも変わってきます。その辺りをおさえながら、当たり前の装備からへぇ〜と思うものまで、いろいろご紹介していきたいと思います。

フィールドを楽しむためには、まず服装や装備から考えて選んでみましょう。

夏の服装

山に行くなら夏でも長袖が一番です。日焼け対策やカやダニの予防にもなりますし、かぶれ対策にもなります。また、草で肌に付く軽い切り傷もかゆくて困ることがあります。ブランド物に頼らずとも薄手の安いものは出ていますし、最近では作業服メーカーでいいものが安くたくさん出ていますので、そういうところで揃えるのも手です。もちろんブランドで揃えたいというのもOK。できるだけ汗をすばやく乾燥してくれる速乾性のものがおすすめです。中に着るインナーのシャツも同様です。

次は、川や海へ行く場合です。川でもやっぱり長袖がいいですね。川はアブが多く、ズボンの上からでも刺してきますから、素肌は避けたいところです。海は半袖でもいいですが、紫外線が強いので、熱中症になるような陽気でなければ長袖がおすすめです。いずれにしても日焼け止めクリームなどは必須にしておいたほうがいいです。

ズボンはどうでしょうか。私は中学・高校と山岳部だったので、特に高校に入ってからは山に行くときはニッカポッカというスタイルでしたが、学校を卒業してからしばらくの間ジーンズを愛用していました。

夏の調査の服装例

もともと服装に興味がなかったので、山に行っても街に行ってもどこに行っても着替えなくていいジーンズが楽で良かったのです。そういう着方をしているとすぐに穴が空いてしまいますが、穴が空いていても変な目で見られないのがジーンズの良いところ。しかし、はけないぐらい破けると買い換えなければならないので、よくよく考えるとコストパフォーマンスは悪かったと思います。さらには汗をかくと足にまとわりつくし、雨で濡れると乾かないしで、同僚からも「ジーンズでよくフィールドを歩き回れるな」と言われていました。シャツの速乾性は気にするのにズボンの選択がずぼらというのも問題ですよね。やはり、ズボンも動きやすく速乾性のあるものが一番です。これも作業服メーカーでいいものが出ていますし、アウトドア関係のブランドであれば、長持ちして速乾性の高いものがあります。私も今はアウトドアショップで少し良いものを買って着ています。ダメになったら作業服メーカーで買おうと思っていますが、色は褪《あ》せても全然破けないので、けっこう長く使っています。結果的に安上がりかもしれません。

衣類はブランド志向の人と、こだわらずにリーズナブルなものがいいという人とで好みが分かれそうですが、装備にはお金がかかるので、消耗品と割り切り、夏の衣類は安いものですませられるなら安いほうがいいかなと個人的には思います。

冬の服装

考え方として二通りあり、高くて暖かいものを着るか、安くて保温性もそこそこのものを重ね着するかです。高いものは蒸れにくいのでいいですが、人によっては暑くなったら枚数で調整できるから重ね着がいいという人もいます。野鳥観察でも同じ場所でじっとしているか、歩き回るかで違ってきますね。歩き回る場合は必ずといっていいほど汗をかきます。汗をかく度にいちいち中に着ているものを脱いでバッグに入れて持ち歩くのは、けっこう面倒です。私は、蒸れにくく保温性の高いものであればファスナーの開け閉めだけで調整できると考えて冬の上着にはお金をかけていますが、考え方は人それぞれかと思います。また、重ね着しすぎると着ぶくれ状態になり動きにくいというデメリットもあります。

その他、インナーのシャツやパンツも、最近は保温力が抜群で速乾性があるものがたくさん出ています。シャツはハイネックのものもあるので、同じ場所から移動せずに鳥を見

冬の調査の服装例

ているようなときにはおすすめです。それでも寒いという人はネックガードがあるといいですが、マスクをしているときと同じで双眼鏡が曇りやすいので要注意です。

オーバーズボンも持っているといいですね。たいていのものはコンパクトに収納できますし、いざというときに寒さから守ってくれます。寒さに耐える行為は体への負荷が大きくとても疲れます。野鳥観察を楽しむためにも、自分に合った快適な服装でフィールドに出かけましょう。

最後に、一番上に着るジャケットやコートの表面の生地は、丈夫なしっかりとしたものを選ぶことをおすすめします。野外に出ていると枝などで擦れたり、海沿いや川沿いでは堤防に体を預けて双眼鏡をのぞいたりすることが多々あります。生地が薄いと何かの拍子に破けてしまいやすいので、しっかりとした生地のものがおすすめです。

足回り

私はスパイク付きの長靴を愛用していました。足をしっかりホールドできないので長靴でフィールドを歩き回るのには慣れが必要ですが、山でも川でも海でもどこでも歩けるし、ヒルやダニ対策にもなります。朝露で靴がビショビショに濡れて困ることもありません。

卒業後、神奈川県の宮ケ瀬に配属され初めて宮ケ瀬の山の中に入ったとき、暑かったし軽い下見のつもりもあったのでサンダルで入ったのですが、入って5分もしないうちにヤマビルの巣窟であることに気づきました。次から次へと足に這い寄ってくるヤマビルに大あわてで下山。それから長靴が必須になっています。

道なき道を歩き回っているときは、いつ沢に出るかもわかりませんし、長靴はとても便利です。最近は奄美大島で調査をすることが増えてきたのですが、奄美大島ではNPO法人奄美野鳥の会の人たちや環境省のレンジャーなど、皆さん同じ長靴を履いていました。それは大同石油で出しているマイティーブーツというもの。防弾チョッキと同じケブラーという材質を使っており、破れにくいということで林業者の間でも愛用している人が多いようですが、奄美大島の人たちの理由はハブ対策。唯一ハブの牙を通さないというものらしいので、値が張るのですが皆さん愛用しているようです。私も購入して愛用していますが、値段の他にデメリットがあるとすれば重量。26㎝のもので片足1100gあるので、通常1kg

マイティーブーツ

を切るものが多い長靴では重いほうかと思います。ただ、安全で長持ちと考えれば許せる範囲です。

ちなみに皆さんは、長靴を履いて電車に乗れるタイプですか? 私はまったく気にしないので、雨天でなくても長靴を履いて電車に乗るし、奄美大島も荷物になるからと、神奈川県の自宅から成田空港経由で奄美大島まで長靴で行きました。しかし、同僚はかなり引いていました。誰も気にしていないと思うのですが……。長靴を持って行きたいけれど荷物になると思うならば、折り畳みの長靴がおすすめです。選ぶときは靴底がしっかりとしたラジアル構造になっているものを選びましょう。靴底の溝があるものです。街中での使用を想定したものなど、靴底の溝が少なく、野外に向かないものもあるので注意です。

その他、長靴選びのポイントとしては裏がスパイクかラジアルかですね。ラジアルが一般的ですが、スパイクは尖った針状のピンが長靴の底にたくさん付いています。スパイクのほうが山で滑らないのでいいのですが、アスファルトの上などは歩くとうるさいので鳥に近づきたいときはデメリットになります。

また、気をつけなければいけないのが屋内。コンビニなど床にワックスがかかっているところは、スパイクにとってはほぼスケートリンクです。知らずに履いたまま入るとかなり焦ります。お気をつけください。

長靴はあまり愛用したくないと思うならばもちろん普通の靴でいいのですが、そういう人には靴から足にかけて身につけるスパッツがおすすめです。雨対策にもなり、ヒルは無理ですがダニ除けにもなります。

これに加えて簡易アイゼンを持って歩いていれば、雪で滑るような場所などで有効です。私は踏査《とうさ》で道なき道を歩き回るときは急斜面を上ったり下りたりすることもあるので、冬でなくてもアイゼンを持ち歩いています。これらはいろいろな環境に行く場合で、普通に街中や道路上から野鳥観察する際には必要ありません。歩きやすいシューズでいいと思います。また、冬に寒さ対策をしたい人は足型のカイロがおすすめです。足先だけに貼るようなカイロは全然暖かくならない場合がありますが、足型で靴の中に入れるタイプのものは暖かくて快適です。

レインウエア

皆さん、レインウエアは雨が降るときに着るものだと思いますよね。もちろん正解ですが、私の場合、雨が降っていないときに着ることのほうが多いです。

草むらや笹薮を歩き回るときのダニ対策、風が強かったり想定外に寒くなったりしたときの防寒対策などとても重宝しています。雨の後や朝露が残るなか、フィールドを歩くとビショビショになりますので、そういうときにもレインウエアを着ているといいですね。

ちなみに、いわゆる「ひっつきむし」対策にもなります。ひっつきむしとはオナモミやヌスビトハギ、アメリカセンダングサなど衣類にひっつく植物の種子です。これが大量に付いてしまうと取るのが大変。レインウエアを着ているとひっつきむしが付かないのです。付いてもすぐに払い落とせます。こういう使い方をしているとすぐに破けたりしてダメになるので、この用途ではあまり高いレインウエアを使わないほうがいいです。しかし、安いと蒸れるので大変ですが。

レインウエアを運ぶ基準には、耐水圧と浸透性があります。耐水圧は外からの水をどれくらい防げるか、浸透性は中の水分をどれだけ外に出せるかです。私は雨用としてレインウエアを選ばないので耐水圧はあまり気にしないのですが、2万㎜あれば十分かなと目安にしています。これに対して浸透性は気にしており、最低でも5000g／㎡は欲しいところです。これより浸透性が低いと歩いていて中が汗でビショビショになります。

私が今愛用している安いレインウエアは浸透性8000g／㎡ですが、快適なようで脱いでみるとそれなりに蒸れています。アウトドア関係のブランドでは浸透性は1万g／㎡を超えるものが多いので、価格は高いですが蒸れが気になる人はそういうものがいいと思います。

また、ダニ対策も兼ねるのであれば表面の生地に注意です。農業などで使う防水性の低いレインウエアは表面がツルツルなのでダニも付きにくく、付いてもすぐ落ちるのでいいのですが、浸透性が確保されているレインウエアの中には表面がツルツルではなくダニが落ちないものがあります。私が今愛用しているレインウエアは伸縮性があり、歩いていて擦れる音が少ないので鳥を観察するにもいいと思い愛用していますが、伸縮性能を付加したため表面は若干ざらざらしており、ダニが付くと手で払わないと落ちてくれません。悩ましい問題です。

そして、レインウエアを選ぶときは色にも注意しましょう。山では目立つほうがいいと思うでしょうが、この本を読んでいる人は野鳥を観察したい人ですよね。それであれば鳥に警戒される可能性がある赤色などはNGです。自然に溶け込む色がベターだと思います。

これについてはこの後お話しする「服装の色に注意」を参考にしてください。

帽子

帽子の好みは千差万別ですね。キャップかハットか、つばがないものか。種類は何でもいいのですが、紫外線や熱中症を防ぐためにも帽子はあったほうがいいです。自然の中を歩くとクモの巣が顔に当たったり、毛虫が頭に付いたりすることがよくありますので、そのときにも帽子をかぶっていればストレスは緩和されますし、毛虫が有毒であれば安全を確保することができます。

また、ハチにも注意。襲われるのは秋が多いですが、黒いものに向かってくるので、帽子をしていないと頭を狙われるときがあります。黒の帽子は逆効果ですからやめましょうね。そんなこんなで帽子は必須アイテムなので、私もいろいろな帽子を持っており、使い分けもしています。

帽子は紐が付いているものがおすすめです。フィールドで風が強い日、帽子が飛ばされることがよくあります。私も鳥の調査中に橋の上で飛ばされたり船の上で飛ばされたりで、何個か帽子を無くしました。無くさなくても鳥を見ようとしている最中に帽子が飛んで鳥を見逃がしたことも何度かあります。そのため、最近は紐の付いたハットをしていることが多いです。帽子はいつも悩みに悩んで購入するので、そういった思い入れのあるものが飛ばされて無くなるとかなり落ち込みますね。後頭部側に日よけのネットや布地が付いていて、後頭部を紫外線から守ってくれるものもありますのでおすすめです。

私が持っている帽子の一つには帽子自体に防虫ネットが収納されています。これはとても便利で、林の中に入ってカの大群に襲われても大丈夫なので、そういう場所に行くときは愛用しています。山に行くとメマトイと呼ばれる目の周りを飛んで目の中に突っ込んでくる小さなハエの仲間がいます。これがたくさんいると目に入ってくるのを防ぐために気が散って仕方がありません。防虫スプレーも効かないので、そういうときは防虫ネットがあると便利なのです。防虫ネットだけでも売っているので、一つ携帯しているといいと思います。

また、夏は蒸れるのが嫌なので、私は部分的にメッシュが織り込まれている通気性の高い帽子を使っています。そこから湿気が外に出るので蒸れにくいのです。この他、夏はタオルやバンダナを頭に巻くのもいいと思います。蒸れることもないし快適です。逆に真冬の極寒地では、ニット帽のような防寒性に優れたものが効果的です。体の中でも頭部は熱が逃げやすい場所なので、頭部の防寒対策はしっかりやりましょう。

椅子

一か所で長時間滞在するようなときは、野外用の折り畳みの椅子があると便利です。立ちっぱなしも大変ですし、地面に直接座ると汚れるという問題もあります。場所によってはダニやヒルがいたりするので地面に直接座らないほうがいい場所もあります。地域によっては毒ヘビも怖いですね。そのため、椅子がなくても敷物は持ち歩いていると便利です。

また、一脚の椅子があると重宝します。椅子を広げて座るほど長時間滞在しないときや、山の中でちょっと座って休みたいときにグッド。以前、山の中をクマタカの巣を探して歩き回っていたのですが、そこはヒルの巣窟。立ち止まっているとヒルが寄ってくるような場所で、普通に地面に座るのはもちろんNG。真夏の暑いなか、究極に歩き疲れてどこかに座れる場所はないかと探しても見つからず。大きな根っこの上ならと座ろうとしたらそこにもヒルが。仕方なく斜面の斜めに生えている木に寄りかかって休憩するしかないという感じでした。あのとき一脚の椅子があれば良かったと今でも思います。

折り畳み椅子はぜひ持っておきたいアイテムの一つです。大きいものから小さいものまでたくさんあり、大きくても快適性を求めるか小さくて持ち運びやすい利便性を求めるか、ぜひいろいろ試して自分に合った椅子を見つけましょう。しかし、普通の折り畳み椅子の場合は快適すぎて問題になることがあります。定点調査では座っていると睡魔が襲って意識が飛んでしまうことがあるからです。調査で疲れているときは寝まいとする意志などまったく無力です。そのため、場所によっては調査中に椅子に座るのは厳禁にしている場所もあるそうです。

GPS

私が子供のころは紙の地図がすべてで、自分がいる場所も行く場所も地図で把握していました。地図の重要性については別の章でお話ししますが、最近は便利になり、車はナビゲーションシステムがあるのが当たり前、スマートフォンを持っていれば自分がいる場所も行く場所も、行き方さえも案内してくれる。さらには所要時間までも。そして、歩いたルートも記録してくれる。その機能は腕時計にも装備される時代になりました。携帯電話がなかった時代には、こんな便利な世の中がくるなんて想像していませんでしたね。個人で持ち歩けるような携帯電話が流通し始めたころは、猫に鈴を付けられるようで拒絶していましたが、今では生活の必需品となっています。

とはいえ、スマートフォンの電波が届かなければ使うことができない機能がたくさんあります。スマートフォンで使う地図ソフトは、電波が届くところで地形図をダウンロードしておけば、圏外になっても使うことができますが、ダウンロードや設定がうまくできていないと地図が画面から消えて無能になってしまうこともあります。

また、地図ソフト以外でもいろいろ使う多機能なスマートフォンは、バッテリーを消耗しやすいのでバッテリーがなくなって使えなくなることもあります。そもそもスマートフォンの位置精度は信頼できないということで、調査をやっている人たちは登山用GPSを持っている人が多いですね。

ガーミンというメーカーの登山用GPSは優秀で、かなり精度が高いですし、事前に地図を読み込み保存をして使うので、途中で消えることもありません。しかし高価なものですから、スマートフォンが使えない状況下を経験して、登山用GPSのありがたみを認識してからでも遅くないかと思います。バッテリー問題さえ解決すれば、今のスマートフォンは性能もアプリもどん

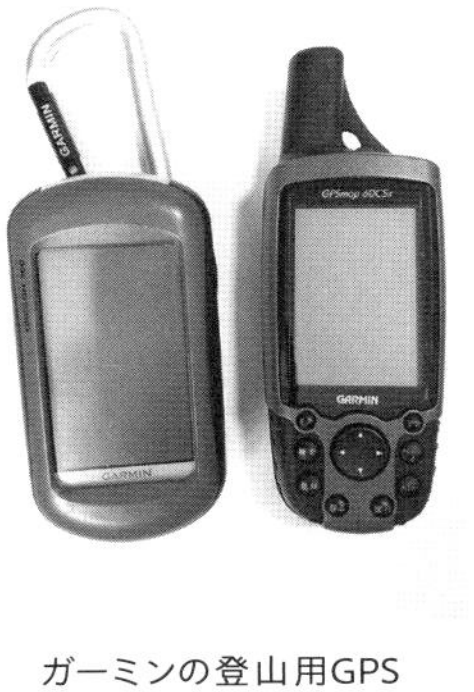

ガーミンの登山用GPS

どん進化しているので、侮るなかれです。

ライトいろいろ

野外で必要でなくても欲しくなるのがライトでしょう。えっ、私だけ？　そんなことはないですよね？　明るい光を求めるのは人間の性です。年々強い光を発するライトが販売されるようになりましたが、省電力のＬＥＤの発明によって、さらにエスカレートしました。

まずはヘッドライト。野外に出るなら持っておきたいアイテムです。手を使わず照らしておけるので、夜活動するには必須です。特に足元を気にしないといけないような場所や、メモを取るときなどに重宝します。このヘッドライトも昔は薄暗く光る程度だったのですが、今は照射距離が１㎞以上というのもざらです。夜、山の中を歩いていて、他の人のヘッドライトより自分のヘッドライトのほうが明るいとなぜか優越感を覚えます。とはいってもヘッドライトがそこまで明るい必要もないので、ある程度明るければＯＫです。あと、今はＬＥＤなので気にしなくてもいい点ですが、点灯持続時間を念のため確認して購入しましょう。

また、明るいものではバッテリーパックがライト全体と別になっているものもあります。重くてかさばるのでライト全体に電池が入れられるコンパクトなものがいいと思います。最近は充電式のものもあるので、何日間も電気のないところにいるのでなければそのほうが便利ですね。

次にハンディのライト。これこそ光の強さを追い求める人が後を絶たない魔性のアイテムです。なぜか自分のほうが明るいとうれしくなります。奄美大島で調査に使っているのは究極のライトで、ちょっと昔まで５０００lm（ルーメン：光の強さを表す単位）あればとても明るくてびっくりするものでしたが、今使っているものは最大光量10万lm。調査に使うときは５０００から１万lmがせいぜいですが、最大値では段ボールを近づけると燃えるという噂のライト。噂は噂でネタぐらいにしか思っていなかったのですが、実際に車の中で誤って最大照射してしまった際、入れていた手さげ袋の一部がコルク質だったので、すぐに燃えてしまいパニックになりました。空港ではバッテリーが手荷物でひっかかり一苦労。究極のライトは扱いも大変です。

ちなみに燃えた手さげ袋はカナダのバンクーバーで行われた国際鳥類学会議のとき

愛用の強力ライト

の記念品。少し気分が落ち込みました。大事にならなくて良かったですが。
とりあえず、皆さんが使用するにはそんなものは不要なので、３０００lmぐらいあれば、夜の野鳥観察でも十分楽しめると思います。

双眼鏡と望遠鏡

やっと野鳥観察らしいアイテムが出てきたと思っている人もいるのではないでしょうか。最初に持ってくるかどうかで悩んだのですが、双眼鏡も望遠鏡も高価なものなので、「真っ先にこれが必要！」と見せられると熱が冷めてしまう人もいるかと思い、後半に持ってきました。

双眼鏡は野鳥を野外で見て楽しむには必須のアイテムですね。双眼鏡にはダハプリズム式双眼鏡とポロプリズム式双眼鏡があります。ダハ式とかポロ式とか言われていますが、昔はポロ式が主流で、今はダハ式が主流です。これから双眼鏡を購入されるならダハ式がいいでしょう。倍率は8～10倍が手ごろです。これより倍率が小さいと鳥が大きく見えないし、大きいと視野が狭く暗くなるので、鳥を探し当てるのが難しくなります。

ちなみにII章「野鳥に関する知識を身につけよう」でもお話ししましたが、この倍率については、双眼鏡を買い替える度に倍率を変えるというのはおすすめできません。その倍率で見える鳥の大きさを識別点として覚えることになるので、倍率を変えると識別の際に悩むことになります。

次に、対物レンズの大きさを決める必要があります。大きいほうが明るく、解像よく見えますが、重く、高価になります。対物レンズが径20㎜台だと鞄にも入れておけるポケットサイズです。Carl Zeiss（カールツァイス）やSwarovski（スワロフスキー）、Leica（ライカ）のような海外メーカーのものはそのサイズでも、今では10万円を超えます。Nikon や Kowa などの国内メーカー製から試してみるのがいいかもしれません。

おすすめなのは、対物レンズが30㎜台のもの。各社が手の届きやすい価格で出しており、それなりに見えるし重さも首から下げて歩いてあまり疲れない重さです。500㎜のペットボトルの重さをイメージしてもらえればと思います。そこからさらに上となると対物レンズが40㎜台ですが、重さも600gを超えてきます。ちょっと鳥を本格的に見ようと思ったら対物レンズが40㎜を超えているほうが理想ですが、最初は30㎜台でも十分ではないかと思います。

ちなみにこれより上の対物レンズが50㎜台となると首から下げて歩き回るのは大変

です。よっぽどのことがない限りは手を出さないほうがいいサイズですね。

これらの数字は8×30、10×42というように通常双眼鏡のボディに明記されています。最初の数字が倍率で、後の数字が対物レンズの大きさです。

また、双眼鏡には防振機能（手振れ防止）がついたものもあります。重さや大きさが大きくなりますが、船の上で見たり、鳥の細かい識別をしたりしたいときには力を発揮します。ただし、良いものはそれなりに高いので、これも必要に応じてという感じです。

普段の機材。上の望遠鏡は直視型、双眼鏡はダハ式。

もともと自分で使っていたのはNikonのポロ式で8×30の双眼鏡。名機と言われた双眼鏡で、シャープに見えて衝撃にも強く、学生時代から愛用していました。安い双眼鏡だと一見よく見えるようでも、ちょっとの衝撃で光軸（左右レンズの軸の平行）がズレてしまいます。しかし、あの双眼鏡は光軸がなかなかズレないというタフさが素晴らしかったです。双眼鏡を首から下げて鳥や獣を追いかけ山の道なき道を歩き、崖のような斜面を上り下りしていたらどうしても地面や木々に双眼鏡を打ちつけることになり、光軸はズレなくてもボロボロになって三回ぐらい買い換えたと思います。

長年同じ双眼鏡を大事に使っている人を見ると、自分が使っていた双眼鏡に申し訳ない気持ちでいっぱいです。

ある日、仕事で消耗品のように交換せざるを得なくなる双眼鏡を自費で購入するのはどうかという疑問の投げかけが実を結び、職場で購入してくれたのがカールツァイスの初代Victoryシリーズでした。この双眼鏡をのぞいたときのカルチャーショックは忘れられません。今までよく見えると自慢していた双眼鏡の視界が極端に狭く暗く感じ、鳥との距離感がわからなくなるぐらい見え方が違っていたのです。

その初代Victoryも使い込んで壊れてしまい、ドイツのメーカーに送りましたが修理不能で戻ってくる始末。あきらめて他の職員が使っていたNikonのモナーク5を使い、今使っているのはNikonのモナーク7となっています。安価な割に見え味は海外メーカーにも引けをとりません。

次に望遠鏡（フィールドスコープ）ですが、これは本格的に鳥を見始めると欲しくなるアイテムです。双眼鏡では8倍から10倍ですが、望遠鏡だと30倍から60倍まで倍率を上げて見ることができます。望遠鏡には垂平に見る直視型と、斜め上から見下ろす傾斜型がありますが、野鳥観察には直視型が断然有利です。傾斜型は目標物を入れてしまえば姿勢が楽なのでいいですが、入れるまでが大変です。傾斜型はスケッチをするような人向けですね。そのため、望遠鏡は直視型をおすすめします。

ただ、望遠鏡を使うには三脚も必要ですし、それをセットで持ち歩くのはけっこう大変で、野鳥観察に慣れていないと嫌になってしまうかもしれません。高価なものですし、ある程度慣れてからのほうがいいかもしれないですね。

ちなみに望遠鏡の値段ですが、これもピンキリで、双眼鏡であげた海外メーカーだと30万円、40万円、60万円と目を疑うような値段が並んでいます。中古車が買えるような価格です。この価格高騰は年々続いていて、先に紹介した双眼鏡も、海外メーカーで対物レンズの口径が40㎜台となると30万円を超えてきます。

とても手を出せるようなものではありませんが、スワロフスキーは宝石メーカーとい

双眼鏡と望遠鏡 比較表

		双眼鏡			望遠鏡
		20㎜	30㎜	40㎜	
使用者経験	初心者	○	○	△	△
	中級	△	○	○	○
	上級	△	○	○	○
体力	自信がある	△	○	○	○
	あまり自信がない	○	○	△	×
環境	開けた環境 湖、海、河川敷、 耕作地、草原など	○	○	○	◎
	林内	○	○	○	△
	街中・住宅地	◎	○	△	×
使用目的	野鳥観察	○	○	○	○
	調査（ルート）	△	○	◎	△
	調査（定点）	△	○	◎	◎

うこともあり、女性の方には人気のようで、鳥を見ている人の中にはスワロフスキーの双眼鏡や望遠鏡を持って歩いている女性をよく見かけます。私は貧乏性なので、まだここまで高騰する前に中古品で買ったツァイスの双眼鏡も、使うのがもったいなくてほとんど使わずにしまったままです。あの双眼鏡を使う日がくるのかどうか。

カメラ関係

ある場所にすごい珍鳥が出たとします。今はインターネット社会で情報は瞬時に全国に届くので、あっという間にカメラマンが全国から殺到します。バズーカのようなレンズが何十とずらりと並ぶ光景は見事なものです。カメラのレンズはとても高価で、そういう場所で並んでいるレンズは一本100万円を超えるのもざら、200万円越えのものもあります。こういうのを見ていると金銭感覚がおかしくなりそうです。これを全部合わせたら家が買えるなとか思ったりしますが、ここではもう少し現実的なところでお話をしたいと思います。カメラ本体もどんどん進化して新しいものに変わっていくので、特にこれがいいという話は控えたいと思います。

皆さんがこれから鳥の写真を撮りたいと思ったときに、選択肢としては大きく分けて三通りかと思います。一つ目は正統派というわけではないですが、一眼レフやミラーレスカメラに望遠レンズを付けて撮影するというもの。なんだかんだでこの組み合わせでうまく撮影できれば写真の質は一番です。ただ、倍率の点でどうしても後の二つに劣るので、良い条件下であればということになります。

二つ目は超望遠の機能が付いたコンデジ（コンパクトデジタルカメラ）で撮影すると

いうもの。高倍率のものであれば一眼レフやミラーレスより圧倒的に被写体を大きく撮影することができますが、写真の質では一眼レフやミラーレスカメラに劣ります。

三つ目はデジスコ（デジタルカメラとフィールドスコープ〔望遠鏡〕を合わせた造語）と呼ばれる、望遠鏡にカメラを装着して撮影するという方法。デジスコは少しコツが必要なのですが、慣れれば良い写真が撮れるようです。スマートフォンのレンズを望遠鏡の接眼レンズに押しつけて撮る人もいますが、その延長線上にあるのがデジスコです。

この中で一番お手軽なのはやはり超望遠機能が付いたコンデジですね。これからもいいものがどんどん出てくると思います。一眼レフやミラーレスカメラの写真の質に追いつき追い越すことはないとは思いますが、すでに素人が楽しむ範囲では十分なクオリティを持っています。遠いところにいる鳥を証拠写真として撮るなら断トツのパフォーマンスを発揮するカメラです。持ち運びも、大きな望遠レンズとカメラ本体を持ち歩くより、コンパクトなサイズのコンデジを一つ持ち運ぶほうが断然に楽です。

ただし、飛んでいる鳥を撮影するには、超望遠付きコンデジもデジスコも不向きです。一枚目は撮れても連写が苦手な機種が多く、二枚目はフレームアウトすることが多いのです。そこはやはり一眼レフカメラの得意とするところなので、その点も踏まえて慎重に選んでみたらどうかと思います。

三脚と一脚

通常、望遠鏡は三脚に装着して使うので望遠鏡を持ち歩くのなら必要ですし、大きなカメラレンズを付けた一眼レフカメラの場合も三脚があったほうがいいですね。カメラの場合、三脚ではなく、一脚を使うという方法もあります。慣れれば、立てるのに時間がかかる三脚より機動性もあるので良いときがあります。特に三脚を立てたい場所が平らでない場所だと、三脚の脚の長さをそれぞれ調整してカメラを水平にして、とモタモタしているうちに鳥は逃げてしまいます。ただ、安定性ではやはり三脚なので、両方使ってみて自分の使い方に合ったほうを使うというのがいいでしょう。

三脚も、望遠鏡を装着するだけなら軽いものでいいのですが、風が強い日は揺れて鳥が見づらいので、安定性を求めるなら重い三脚が理想です。望遠鏡用であれカメラ用であれ重いほうが安定するのです。とはいえ、重い三脚を持ち歩くのはかなり大変です。車に積んで運ぶ場合でも、点々と移動して、移動先で重い三脚を取り出して設置するという作業を繰り返していると嫌になってきます。

今はカーボンの軽い三脚があり、中心の軸にフックが付いていてそこに重い荷物をぶら下げることで安定感を出すというものもあります。値段もいろいろなので、お店の人に聞きながら選ぶのがいいのではないかと思います。

記録用具

記録することの重要性についてはⅧ章でお話ししますが、ここでは記録するものについてご紹介します。

フィールドに出る人がよく使うのがフィールドノートと呼ばれるもの。今はいろいろなものが出ていますが、多くの人が愛用しているのがコクヨの測量野帳ＳＫＥＴＣＨ ＢＯＯＫです。緑色の硬い表紙で、ポケットにも入ります。中は３㎜方眼になっていて、記録を取るには最適です。

Ａ４やＡ３サイズの地図や記録用紙を持ち歩くならバインダーがあると便利です。フィールドに出るなら雨や朝露などをしのげる二つ折りタイプのものがおすすめです。このとき注意したいのが用紙をとめるクリップの部分。ここの出っ張りが大きく、折り畳む側のボードがその部分だけ切り取られているものが一般的なのですが、これだとＡ４の用紙は問題ありませんが、Ａ３の用紙を挟んで閉じたとき、構造上用紙が破けてしまいます。

Ａ４しか使わないというのであればいいのですが、地図などＡ３の大きな用紙を使う可能性がある人は、その部分に注意して購入してください。

また、海外では雨天用のバインダーも販売されています。野外調査では雨のときの記録に悩まされることも多く、雨天用のバインダーはとても助かります。

雨天用バインダー

図鑑のあれこれ

野鳥観察を始めたばかりだと図鑑があったほうがいいですね。昔は鳥の図鑑は少なくて、選択肢もほとんどなかったのですが、今はいろいろな図鑑が出ていて選ぶのも大変です。ここでは図鑑選びについていくつかアドバイスできればと思います。

まず、イラストか写真か決めないといけません。私はイラスト図鑑のほうが標準的な姿勢、色などが描かれ、識別ポイントをはっきり示してあるのでいいと思っています。写真だとよく見られる姿勢ではないかもしれないし、撮影した角度によって鳥の全体のシルエットがわからない場合もあります。しかし、イラスト図鑑ではそれらしき鳥は載っていたけれど同定の決め手に欠けたというものが、写真図鑑で見たらはっきりわかったというケースもあります。つまりたくさん見て慣れないと、イラスト図鑑を使いこなせないという問題があるのかもしれません。まずはイラスト図鑑から始めていただくのをおすすめしますが、やはり好みもあると思うので、あとは実際に本屋で手に取って検討してみてください。

次に検討しなければならないのが掲載されている種数です。日本で記録されているのは約700種で、それが全部載っている図鑑が欲しいと思う人も多いのですが、種数にこだわっている図鑑は重いです。また、700種の中から自分が見た鳥を探すのも大変なので、よく見られる鳥を200種ぐらいまで絞ったものが、持ち歩くのにも楽で使いやすいと思います。

最後に検討すべきポイントは説明文。図鑑を持っている人の中には説明文を読まないという人がけっこういます。しかし、そこに書かれていることはとても重要で、それと図版を照らし合わせて初めて種の同定ができるのです。例えば図鑑のこの鳥にそっくりだと思っていても、大きさを確認したら全然違ったというのはよくありますし、今は冬なのにこれだと思った鳥は夏鳥だったとか、平地で見つけたけど高山の鳥だったとか、そういった勘違いはよくある話なので、説明文はとても重要です。

その説明文が十分な内容を記載しているか、わかりやすいかは必ずチェックしましょう。種名以外に掲載していてほしい内容をあげてみます。

- ☑大きさ
- ☑日本で見られる時期（地域による違いも含む）
- ☑見られる環境
- ☑鳴き声
- ☑その種の特徴
- ☑類似した種との識別点
- ☑普通に見られる種か稀な種か

これらの内容は普通書いてあるはずですが、その内容もわかりやすいかどうか。いろいろな図鑑を読み比べてみてください。都道府県や離島など、その地域に限定した図鑑もあります。日本は北海道から沖縄まで縦に長く、同じ種であっても地域によって見られる時期が違ったり色が違ったりします。

続いて、フィールドで役立つおすすめの図鑑を何冊かご紹介しますので、参考にしてみてください。

主なおすすめ図鑑

①『見つける 見分ける 鳥の本』(秋山幸也著・成美堂出版)
②『新・水辺の鳥(改訂版)』(谷口高司・日本野鳥の会)
③『新・山野の鳥(改訂版)』(谷口高司・日本野鳥の会)
④『フィールド図鑑　日本の野鳥』(叶内拓哉、水谷高英・文一総合出版)
⑤『新版日本の野鳥』(叶内拓哉、安部直哉、上田秀雄・山と渓谷社)
⑥『日本の野鳥 さえずり・地鳴き図鑑(増補改訂版)』(植田睦之監修・メイツ出版)
⑦『羽根識別マニュアル』(藤井幹著・文一総合出版)
⑧『日本産鳥類の卵と巣』(内田博著・まつやま書房)
⑨『鳥のフィールドサイン観察ガイド』(箕輪 義隆著・文一総合出版)
⑩『鳥の足型・足跡ハンドブック』(小宮輝之、杉田平三著・文一総合出版)
⑪『野鳥シート　身近な野鳥』(日本鳥類保護連盟)

⑫『野鳥シート　水辺の野鳥』(日本鳥類保護連盟)

また、全国的には稀な種なのに、その地域では普通種ということもあり得ます。それらを一冊の図鑑にすべて盛り込むのは難しいですし、地域に限定した図鑑なら全国で記録された膨大な種から選ぶ必要もなくなるので探しやすいというメリットもあります。遠征したときはぜひ地域限定の図鑑も探してみてください。

この他、最近ではタブレットやスマートフォンで調べることもできます。写真を撮ってアプリで検索するとそれにマッチした画像が出てきて名前がわかるというものもいろいろ出てきました。第Ⅱ章「野鳥に関する知識を身につけよう」で紹介したＷｅｂサイト「日本の鳥百科」のように、大きさ、色、見た季節、見た環境、声などから検索するサイトもあります。この検索サイトの制作には私も関わっており、鳥の写真や動画もたくさん提供していますのでぜひ使ってみてください。

持ち歩いていると便利なもの

拾い物にはまりそうな人は、チャック付き袋をいろいろなサイズで持ち歩くと役に立ちます。私は羽根拾いが趣味なのですが、持って出るのを忘れることが多々あります。そのときはポケットに忍ばせたり、バッグのどこかに入れたりするのですが、入れたことを忘れて服を洗濯したり、しばらくしてからバッグから出てきて、いつどこで拾ったものか忘れてしまったりと、自分のルーズさを悔やむことが多いのです。皆さんはそんなことのないようにしてくださいね。

また、ゴミが入れられるぐらいの大きさの袋はいつもバッグに忍ばせておくといいと思います。ゴミを持ち帰るのにも使いますが、雨や汗で濡れた衣類を入れておくなど重宝します。あと、地域によってはサングラスがあったほうがいい場合もあります。夏の強い日差しや、冬の積雪がある場所では反射する紫外線を浴びすぎることで起こる雪目（紫外線性角膜炎）を防ぐのに必要です。サングラスはあまり立体的な構造をしているものだと双眼鏡が覗きにくいので、レンズ面がフラットなものがおすすめです。

その他、自分でこんなものがあったらいいなというものをいつも考えていると新しい発見があるかもしれません。私は１００円ショップやホームセンターなどで、フィールドで使えるものがないか眺めて考えるのが好きです。ひらめいたときは絶対に心拍数が上がっています。

こういう出会いはいつになっても楽しいものです。皆さんも見つけたらフィールドで試してみましょう！

快適さか軽量化か

野鳥観察、特に調査に行くとき悩むのが持ち物の量です。

車で行ってほとんど歩かず帰ってくるなら、あれこれ車に積み込んでおけばいいのですが、小高い場所に登ったり、少し距離を歩いたりする場合、何を持って行くかで悩みます。特に一か所で一日過ごすような場合、行った先で快適に過ごすか、快適ではなくてもいいから楽な装備で行くか悩みどころです。私は、一時期は快適さを求めていましたが、最近は面倒になってきて、軽量化を好む傾向にあるかもしれません。

快適さを求める場合、どんな装備になるでしょうか。例えば折り畳み椅子は大きなものを持って行く、コンロなど現地でお湯を沸かすものを持って行くなどが考えられますね。そして、お湯を沸かすためには水も必要です。
以前調査で一緒になった人は、料理が好きなのか現場の山の中で山菜を採って料理して食べていました。それはそれで楽しそうですが、荷物はけっこうな量になりそうです。双眼鏡や望遠鏡、三脚、カメラといった装備があることを考えると大変ですよね。
そんななかでおすすめなのは、ポットのお湯とカップラーメンです。カップラーメンの種類にもよりますが、５００mLサイズのポットなら
カップラーメンを作った後に残りのお湯でインスタントコーヒーを作って飲めます。朝、家を出るときにポットに熱いお湯を入れて出れば、少し固めではありますがラーメンを作ることができ、おいしくいただけます。冬の極寒のなか、温かいカップラーメンは格別で病みつきになります。一つ注意しなければいけないのが必要なお湯の量です。自分のポットの容量と、カップラーメンに記載されている必要なお湯の量を必ず確かめてください。現地でお湯が足りないなんてことにならないように。

真夏の怪奇現象

皆さんフリクションボールペンはご存じですか？　ボールペンなのですが、ペンの後ろにあるゴム質のラバー部分で擦ると書いたものが消える仕組みになっています。この技術は素晴らしく、必然的に愛好者が増えて一時期は調査で使う人もたくさん見かけました。ただ、それも一時期だけ。今では調査で使う人はほとんどいないと思います。なぜなのか。フリクションは英語で摩擦という意味。フリクションボールペンは、ラバー部分で擦ると摩擦熱で消えるという原理です。ですから擦らなくてもドライヤーやアイロンの熱でも消えます。それでどうなるかというと、真夏、窓を閉めてある車に放置すると車内の温度は急上昇。調査用紙や手帳を車内に置いたままだと、調査して記載したはずの記録がきれいに白紙になっているのです。

私の周りでも書いてあったものが全部消えたと真っ青になった人を何人か見ました。ただのメモならまだしも、お金をもらってやっている調査の結果が消えるわけですから大騒ぎです。

そんなわけで、今ではフィールドでフリクションボールペンを使う人は見かけなくなりましたね。ちなみに消えたときの対処として、冷凍庫に一晩入れておくと、消えた文字が復活します。消えたときはあわてず冷凍庫に入れてみてください。

服装の色に注意

「服装と装備を揃えよう」でも少しお話ししましたが、これからフィールドに出て野鳥観察をするのであれば、鳥に警戒される色は避けましょう。実際に野鳥が逃げるかどうかは別にして、警戒色、警告色と言われる色が自然界にはあります。

人間は「赤、緑、青」の三原色を見わけていますが、鳥は、種によって波長のピークは違うものの、「赤、緑、青、紫外線」の四原色を見わけています。そのため、私たちよりも色の区別をより明確にしていると考えられます。その中で自然の中に溶け込みにくい色、目立つ色は、私たちの動きをより目立たせることになり、警戒されやすくなります。野鳥観察を楽しみたいのであれば、赤など鳥に警戒されやすい色はおすすめしません。

また、黒も避けるべき色です。特に秋が危険なのですが、スズメバチの仲間の気性が荒くなっている秋に黒い色の服を着ていると、スズメバチが襲ってくることがあります。そのため、頭の髪の毛を隠すように黒ではない帽子が必需品です。黒はハチの天敵であるクマを連想させると言われており、黒の動くものには攻撃してくるのです。以前樹液が出ているクヌギの近くを通ったとき、「ブン」という音に驚いて上を見上げると黄色い弾丸が突っ込んできました。スズメバチです。一瞬の出来事でしたが、胸の辺りに突っ込んできて「カツンッ」と嫌な音を立てました。スズメバチは私が胸の辺りに抱えていた黒いバインダーに突っ込んできたのです。おそらくバインダーに毒針をぶつけたのだと思います。恐ろしい話です。今では秋の山歩きで黒いバインダーは使っていません。

このように服装の色はフィールドでの観察に影響します。急に服を買い揃えるのも大変ですから、普段から気にして服選びをするといいですね。

害虫や危険な生き物への対策

フィールドで最も気を配りたいのが害虫や危険な生き物への対策です。

「服装と装備を揃えよう」では長靴や防虫ネットの話をしました。危険な生き物の代表格として、北海道から九州地方にかけて見られるニホンマムシがあげられますが、対策ということであれば長靴で十分です。

ハブ対策のようなケブラーを使った長靴でなくても問題ありません。これらはかなり危険な生き物対策ですが、もう少し身近な対策について紹介しましょう。

マムシ

カやブユ、アブなどの吸血害虫

カやアブはご存じかと思いますが、ブユはどうでしょうか。地方によってはブヨとも呼ばれ、アシマダラブユやキアシツメトゲブユなどがいます。カと違うのは吸血された場所が熱を持ち大きく腫れ上がることです。子供のころは刺された足や腕が太くなって格好良くなったと冗談で見せ合いましたが、やはり刺されたくはないですね。

カやブユ対策は虫除けスプレーが効果的です。虫除けスプレーはカの成虫、ブユ、アブ、ノミ、マダニ、イエダニ、トコジラミあたりが忌避効果の対象となっているものが多く、ヤマビルが忌避対象となっているものもあります。

腰やバッグにぶら下げる携帯式の蚊取り線香も、ブユには効きませんが重宝します。これには林業で使うような強力なものもあります。ただ、匂いが衣類などに染み付くので、それが気になる人は蚊取りマットのような煙が出ないタイプのものがいいかもしれません。蚊取りマットはカ除け成分が目に見えないので効いているのか効いていないのかがわかりにくく、安心感に欠けるという人も少なくありませんが、ちゃんと効いているようです。

以前フィリピンに初めて行った際、設置型の蚊取りマットを持って行って部屋で稼働させたら、すぐにカが落ちてきてびっくりしたことがありました。成分に対して耐性のない海外のカには余計に効くのかもしれませんが、それ以降、蚊取りマットも私の中では一押しになっています。ただし、これらはブユやアブには効果は期待できません。特に服の上からでも刺してくるアブは厄介な存在です。カの多い地域ではハッカ油が良いと言われていますが、これはアブにも効果がありますし、香り自体がアロマ感もあり、熱帯では清涼感もあるのでおすすめです。

防虫スプレーでも忌避成分にディートではなくイカリジンを使用しているものは衣類の上からでも塗布できるのでおすすめです。ディートは衣類の繊維を傷めてしまう危険もあるようです。

あと、気をつけなければいけないのが手首です。長袖を着て手袋をして完璧だと思っていると、帰ってくると手首をボコボコに刺されていることがあります。手首には太い血管が浮き出ているので体温も高く、カを呼びやすい部位でもあります。そんな場所がむき出しになっているのですから刺されるのは必然的でしょう。念入りに防虫スプレーやハッカ油を吹きかけるか、腕につける蚊除けネットも販売されていますので、そういったもので物理的に寄せつけないのも手です。

また、服装の色にも注意しましょう。黒など濃い色の服装にはカが寄ってきやすく、黒い服装の人と白い服装の人が隣り合って立っていると、明らかに黒い服装のほうにカが集まります。

ダニ

最近ではダニの被害もよく聞きます。家ダニのようにちょっと咬まれてかゆくなる程度ならいいですが、フィールドのマダニは皮膚に口器を刺して吸血するので大変です。マダニには重症熱性血小板減少症候群（ＳＦＴＳ）などのダニ媒介感染症があり、咬まれるととても危険です。草むらを歩くとき、特に獣道を歩くときは皮膚をできるだけ露出させないことはもちろん、首筋を守るためにタオルを巻いていくのも手です。マダニが付いていることに気づきやすい明るい色の服を着ることも予防策となります。私はマダニがいる場所ではレインウエアを必ず着用します。そして長靴かスパッツを必ず履きます。長靴の場合は、レインウエアの上に履くとレインウエアについたマダニが長靴の中に落ちてしまうので、レインウエアを長靴にかぶせるように履きましょう。

そして重要なのは細かく足をチェックすること。マダニが付くのは腰より下が多いので、マダニがいる場所で草むらを歩いたり、草むらではなくても道沿いの草や灌木の枝にあたったりしたとき、マダニが付かなかったか確認することも重要です。

私も何度か咬まれましたがまだ感染症は発症していません。目に見えるサイズならいいのですが、粉のように小さいものは発見が難しいものです。ただ、じっと眺めているると動いているのがわかりますので、ときどき気にしてみるようにしましょう。

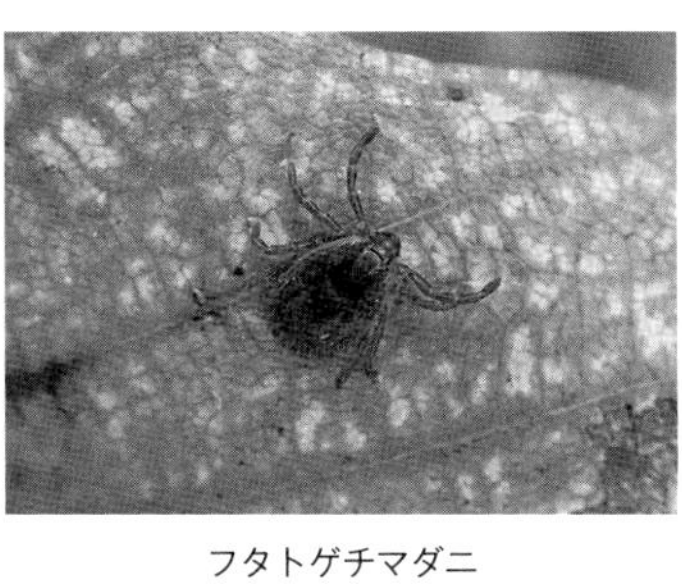

フタトゲチマダニ

ヤマビル

私にとっては嫌な思い出しかありませんが、ヤマビルは最近いろいろな場所に分布を拡大しています。そのため、去年はいなかった場所でもヤマビルが出るということはありますのでご注意ください。

そして季節ですが、以前は霜が降りればヤマビルも出なくなると言われていましたが、温暖化のせいでヤマビルの出現時期が大幅に長くなりました。暖かければ12月でも動いていますし、2月にヤマビルに咬まれたという人もいるぐらいで、厳冬期以外は気を抜けない状況になっています。

通常ヤマビルは下から上がってきます。密度が高い場所では上から降ってくるらしいですが、私はまだ経験がありません。首筋から入ってきたものの多くは下から上がってきたものだと思います。

野外でヤマビルを撮影しようと鬼さんこちらみたいにヤマビルに私を追わせていたら、2m往復したぐらいで力尽きて動かなくなってしまいました。手を出しても取りついて

ヤマビル

きません。最初のスタートダッシュは速かったのですが、持久力はないようです。動物にくっついて木の上に行くのならともかく、自分から木に登るのは無理だなとあらためて思いました。

ヤマビルに一番有効なのは長靴で、長靴にヤマビル除けの忌避剤を塗ります。ヤマビルファイターなどのヤマビル専用の忌避剤もありますが、忌避成分のディートは虫よけスプレーにも入っていますので、虫除けスプレーでも十分効果を期待できます。また、ディートではなくイカリジンが入った虫除けスプレーのほうを私はおすすめします。ディートは生後6か月未満の赤ちゃんには使用不可で12歳未満も一日の使用回数に制限があるぐらい人間に対してもきつい薬品です。きついものは肌に振りかけるとヒリヒリすることもあります。

それに対してイカリジンは人間にも優しく衣類にも影響がありません。ヤマビルへの忌避効果は、体感的にはディートより効果があるのではないかなと思っています。長靴に振りかけていたら途中で息絶えて死んでいるヤマビルもいました。落ちるより前に死んでしまうというのはすさまじい効果だなと驚嘆したものです。

また、忌避効果があるのはこれらに限ったものではなく、塩水の塗布や、塩水に浸した布を巻くというのも安上がりでいいです。

ヤマビルは口を吸盤のように使って登ってきます。そのため、登ってくる場所についているものは口の中に入るので、薬剤でなくてもいろいろなものが効きます。なお、これらの忌避剤は歩いていると長靴同士や草で擦れて徐々に取れていきますので、ヤマビルが多い場所では定期的に塗り足しましょう。ただし、塩水も含めこれらの薬剤をつけっぱなしにしていると長靴の劣化が早いです。面倒ではありますが、帰ったら洗い流すようにすると長靴が長持ちします。

ヤマビルに侵入を許してしまった際の対策として、女性用のストッキングが有効です。目が細かいので、ヤマビルがストッキング越しに咬むことができないのです。ただ、男性にとってはストッキングを買うのも履くのも少し抵抗があるかもしれませんが、今は男性用もあるので、検討してみるのもよいでしょう。

ハチ

ハチ対策の服装の話はすでにしましたが、気をつけなければいけないのは日焼け止めクリームです。日焼け止めクリームはいい香りがするのか成分に問題があるのかハチが寄ってくることがときどきあります。寄ってきたハチは攻撃するわけではなく、日焼け止めクリームが付いた皮膚をガジガジ咬むかな舐めるかしています。手を出さなければ刺されることはないので、あわてず対処してください。

しかし、これがスズメバチになるとこのガジガジがけっこう痛かったりします。あわてず対応できないと思ったらその場からすぐに立ち去りましょう。また、小さいハチだと存在に気づかず、腕に付いたまま椅子に寄りかかってしまって刺されたということもありました。ご注意ください。

キアシナガバチ

Column

リトアニアでの失敗談

リトアニアでの調査のこと。職場で購入したガーミンの登山用GPSがあり、これは持って行くしかないと思い持ち込みました。リトアニアで共同研究を行っていた大学の先生たちは、カメラや双眼鏡などあまり良い機材を持ち合わせていません。ガーミンのGPSを持って行き、少し自慢したいという下心もありました。コアジサシの営巣場所を探すために船に乗ったとき、ここぞとばかりにGPSを取り出しスイッチを入れました。しかし、出てきたのは白紙の画面。調整しても、リトアニアの中央辺りに地点が点滅するだけ。そう、事前にダウンロードして入れておかなければいけなかった地図を入れていなかったのです。そのためGPSの画面には、リトアニアにいることしか示されていませんでした。「それぐらいGPSに教えてもらわなくてもわかるよ」とがっくり。GPSは地図を入れないと使えないと改めて認識させられた経験でした。

同じリトアニアでの話をもう一つ。リトアニアでのコアジサシの調査は、国の中央を流れるナムナス川で行われます。いつも川に入り調査していたのですが、ふと気づくとスマホがないのです。嫌な予感がし、職場の携帯電話から電話してもつながりません。これは川に落としたと真っ青になりました。慌てて川の中を捜し歩きましたが見つからず。スマホで何でもできる便利な世の中。でも無くしたら終わりです。皆さんも気をつけましょう。

今はワイヤー付きのキーチェーンにスマホを付けて、絶対落とさないようにしている

Ⅳ章

フィールドに出かけよう

自然に癒されよう

自然の中に出かけると、癒されるなぁとしみじみ思うことがよくあります。特にデスクワークで缶詰状態が続いた後などストレスがたまっているときは、解放されとてもリフレッシュできます。私たちにとって自然は疲れきった心を癒してくれる心のよりどころです。自然の中にいるだけで心地良い風や大地を感じ、座って手をつけば土や植物の感触が手に伝わり、自然の景色や造形美、鳥の愛らしさに目を奪われ、鳥の声や羽音、風の音や木々のざわめき、川のせせらぎ、草木の匂い、雨の匂い、そして街中よりもおいしい空気、そういった自然の中にあるものを五感すべてで感じ癒されているのです。そんなフィールドに出かけてリフレッシュしましょう。

気候に体を馴染ませる

日本には四季があり、気温も季節によって大きく違います。私たちの体は即座に気温の変化に対応できないので、季節による気温の変化には、衣類などで調整しながら徐々に体を馴染ませます。そのため、秋に日中気温10℃だと凍えるような寒さを感じますが、真冬に10℃だと暖かささえ感じる人もいるのではないでしょうか。

逆に春に25℃だと真夏の気温だと言って汗だくになりますが、真夏に25℃だと、今日は涼しいなという感覚になります。冬の場合、風が吹いて体感温度が下がったり、標高が高ければ気温が低くなったりと、野外では通常より寒くなるので体への負担も大きくなります。ちなみに標高が１００ｍ上がると気温は約０・６℃下がります。気温の変化を軽く見ていると風邪をひく原因にもなりますので、季節の変わり目には無理せず衣類で調整しながら、体を少しずつ慣らしていくのがいいでしょう。

季節の変わり目では衣類の着脱で調整できるようにして出かけるのがベターです。また、室内や車内で、夏は冷房、冬は暖房にあまり頼りすぎていると、野外ではかなり辛くなって野鳥観察に集中できなくなります。普段からエアコンに頼りすぎないというのもフィールドワークを快適にこなすには必要ですね。

以前、沖縄県の西表島に探鳥に行ったとき、沖縄の夏に体を早く順応させるのだと言って、車のエアコンを切って走行したことがあります。しかし、30分後にはあまりの暑さに断念。皆さんも無理のない範囲で進めてみてください。

　また、夏の車内で冷房を使っていると、外に出たときにカメラや双眼鏡のレンズが曇ってしばらく使い物にならないときがあります。これは結露という現象で、レンズが冷たくなっているために外の空気が冷やされ飽和水蒸気量が減少。結果、空気中に含んでいられなくなった水分が水滴となってレンズに付くのです。冷たい飲み物が入ったペットボトルや缶を置いていると表面に水滴が付く現象と同じです。

　こうなると写真を撮りたくても曇りが取れずシャッターチャンスを逃すことになります。私も何度これでシャッターチャンスを逃したことか。未だに悔やまれるものもたくさんあります。市販のレンズヒーターを用意するか、せめて車内のエアコンの風に直接当てないようにしてレンズが必要以上に冷えるのを避けましょう。野外に出かけるときは要注意です。

双眼鏡の使い方

　まず、双眼鏡は眼鏡をかけた人とかけていない人で接眼レンズの部分にある「目当て（ターンスライド）」を調整します。

目当ては双眼鏡を覗く際、接眼レンズと目との距離をよく見える適当な距離にするためにあります。この部分は折り畳んだり回して収納したりと双眼鏡の種類によって違いますが、眼鏡をかけている人はその部分をしまい込んだ状態、眼鏡をかけていない人はその部分を出した状態で使います。眼鏡をかけている人はメガネレンズと目との間にすでに隙間があるので、この目当てが不要なわけです。ちなみに私は、眼鏡はかけていませんが目当てはしまいこんだ状態で使っています。慣れればそのほうがいいという人もいるので、慣れてきたら皆さんの好みで調整してみてください。

次に、双眼鏡は使う人に合わせていくつか調整が必要です。私たちは目と目の間の距離が人それぞれなので、接眼レンズを覗きながら双眼鏡を広げたり戻したりして接眼レンズと接眼レンズの幅を変え、見ている視界がおおよそ一つになるようにします。

さらに、人によって右目と左目で視力が違う人がいるので、双眼鏡を使うときは左右の視度を調整しなければいけません。

まず、どこか目標物を決めてください。その目標物を双眼鏡で覗き、最初は右目を閉じて左目だけで見てピントを合わせます。ピントが合ったら、ピントは変えずに左目を閉じて右目だけで見ます。その際、視度調整リングを回しながらピントが一番合っているところで止めます。これで左右の視度調整ができました。この状態で両目を開

双眼鏡の使い方

❶ 目の幅を合わせる

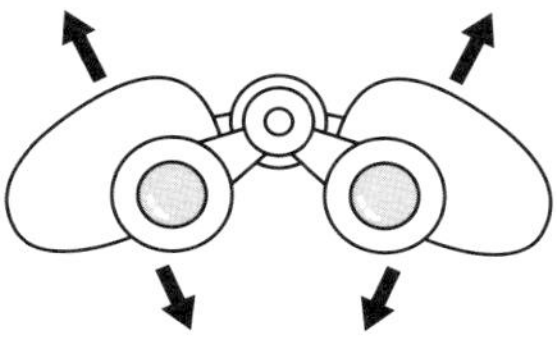

左右の接眼レンズの幅を広げたり、狭めたりして、自分の目の幅に合うように調整する。

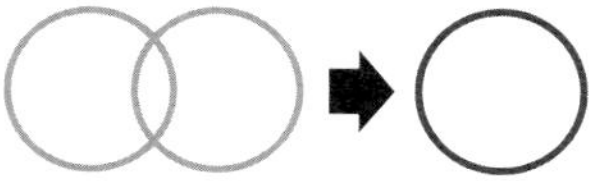

双眼鏡を覗くと、左右の目で見た範囲が2つの円となって見える。双眼鏡の幅を調整して、2つの円が1つになるようにする。

双眼鏡各部の名称

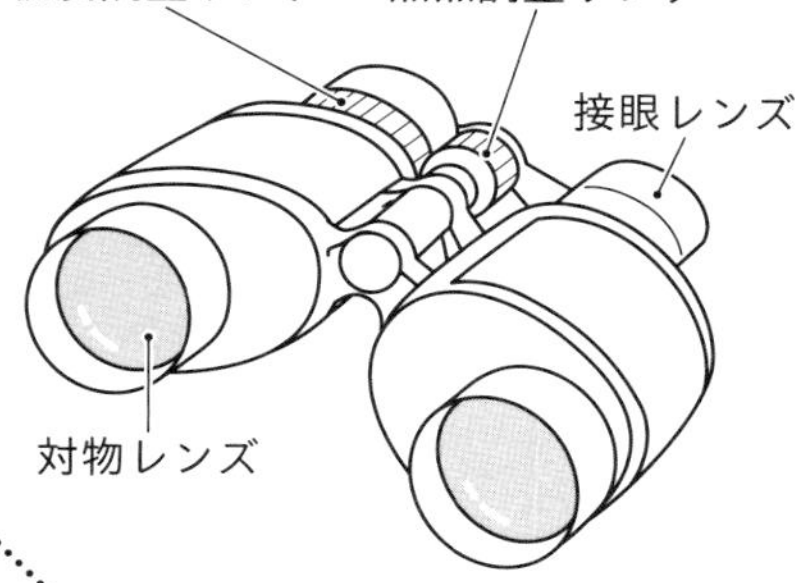

❷ 視度を合わせる

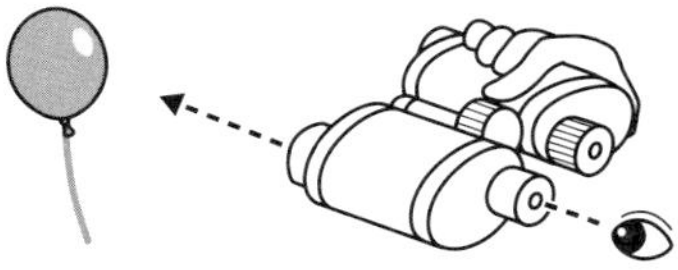

まず焦点の調整リングを回して、左目のピントを合わせる。

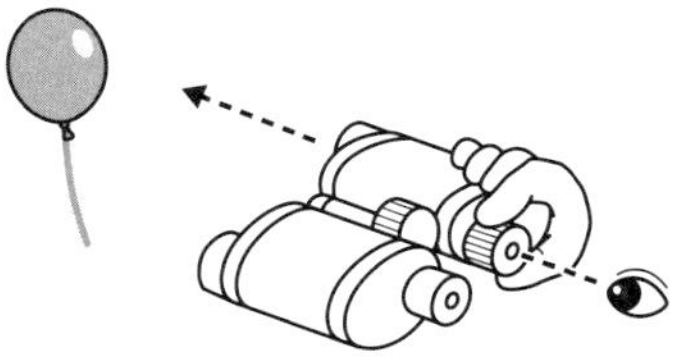

視度調整リングを回し、双眼鏡を覗きながら、右目のピントが合うようにする。

❸ ピントを合わせる

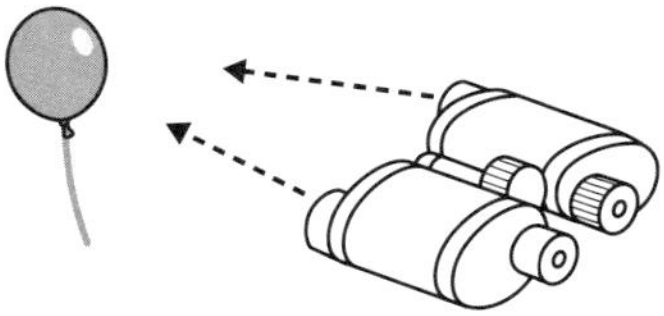

双眼鏡を覗きながら、焦点調整リングを回してピントを合わせる。

❹ 見たいものを視野に入れる

肉眼で見たいものを探し、そこから目を離さないように、そっと双眼鏡を目に立てるようにする。

※双眼鏡によって、視度調整の仕方が異なる場合があります。

いて覗くと、クリアに見えているはずです。これで調整は終了です。

続いて、双眼鏡の視野に鳥を入れる方法を説明しましょう。まずは肉眼で鳥がいる場所を見定めてください。そして、その状態で顔も目も動かさず、そのまま双眼鏡を目に持ってきて覗きます。そうすると探さなくても鳥が入っているはずですから、あとはピントを合わせるだけです。双眼鏡で鳥を観察するのは慣れれば簡単ですから使いこなしてみてください。

また、双眼鏡のもう一つの使い方にルーペとしての使用があります。ここまで接眼レンズを覗いて鳥を見ることを説明してきましたが、逆に対物レンズのほうから覗くと接眼レンズに近づけたものが拡大され、ルーペとして使えるのです。

望遠鏡の使い方

望遠鏡（フィールドスコープ）を使うのには少し慣れが必要ですね。まず望遠鏡も眼鏡をかけている人とそうでない人で接眼レンズ部分の目当てを調整します。次に自分の利き目を確認しましょう。両手の人差し指と親指を左右で引っ付けて輪を作ります。輪を作ったら輪の真ん中に何か目標物を入れてそれを凝視してください。そして片目を交互に閉じます。そうするとどちらかの目を閉じたときに目標物が輪の真ん中からずれたと思います。ずれたときに閉じていた目が利き目です。望遠鏡は利き目で見るほうが扱いやすいので利き目を確認しておくといいと思います。

多くの人が望遠鏡を覗くとき片目を閉じますが、望遠鏡は両目を開けた状態で扱えるようにしましょう。利き目で望遠鏡を覗き、利き目ではない目で目標物を探します。その際、利き目で見ている望遠鏡の丸い画像も一緒に見えている状態を維持しま

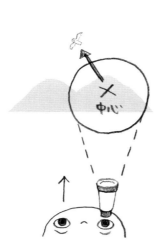

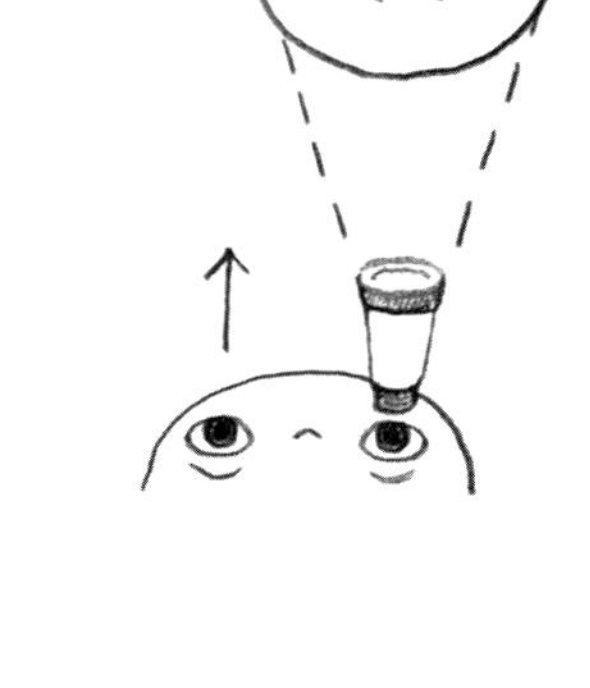

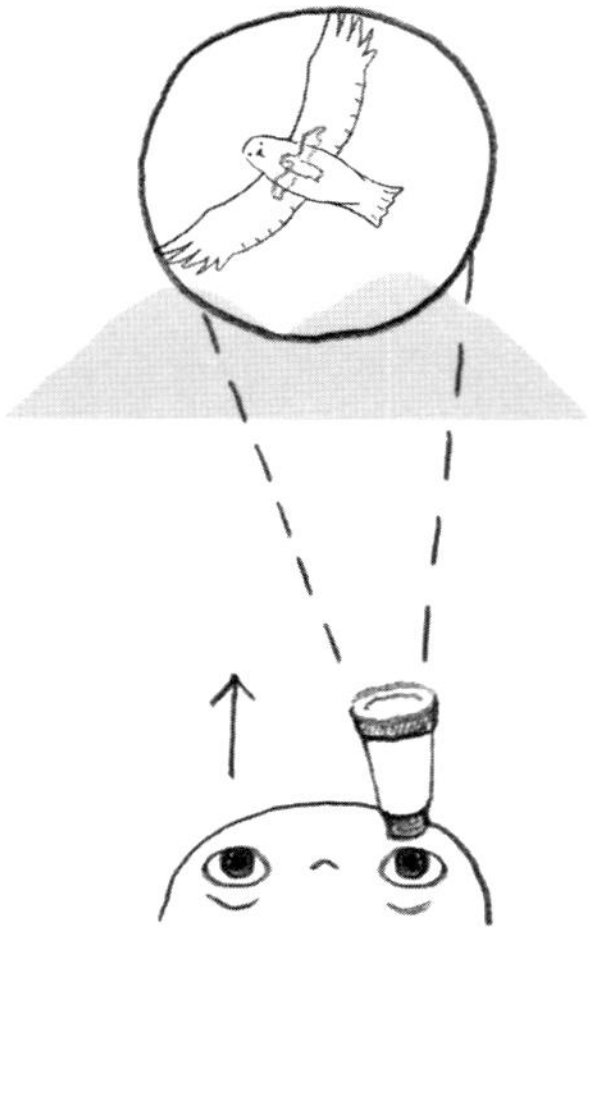

す。それができたら、利き目でない目で見ている目標物を利き目で見ている丸い画像の中心に持ってくれれば、望遠鏡の視界の中に鳥が入ってきます。

これができるようになるには利き目に意識を集中させたり、利き目ではないほうに意識を集中させたりと切り替えが必要になりますが、最初は難しいかもしれませんが、慣れればできるようになりますのでチャレンジしてみてください。できるようになると空を飛んでいる鳥も望遠鏡の視界に簡単に見られるようになります。ただし、これは直視型の望遠鏡の場合です。直視型と傾斜型の違いについてはⅢ章の「服装と装備を揃えよう」で紹介しましたが、傾斜型の望遠鏡ではできませんので、やはり鳥を追いかけるなら直視型の望遠鏡をおすすめします。

また、新型コロナウイルスの感染が拡大して望遠鏡を使い回しができないなか、超望遠のコンデジにモニターを取り付けて見るととても快適です。もちろん飛んでいる鳥を追いかけるようなことは難しいですが、鳥が同じ場所からあまり動かないようであれば、モニターで観察すると快適なのです。特に複数人の場合、望遠鏡を交代で覗かなくても同時にモニターを見て観察できます。

最近は屋外用のモニターも出ているので、太陽の下でもかなりクリアに見えるのでおすすめです。

どこに行く？

皆さんは野鳥観察に行こうと思ったとき、どこを思い浮かべますか？山ですか？海ですか？それとも河川や近所の公園でしょうか？鳥を見ている人の多くは、主に陸鳥が好きな人と、水鳥が好きな人にわかれます。私の周りの人では陸鳥が好きな人のほうが多いような気がします。皆さんはどちらでしょうか？ちなみに私はどちらかと言えば陸鳥です。それによっても違ってきますが、どこに行くにしてもその環境にあった季節について考えましょう。

例えば山。繁殖期がにぎやかで観察しやすいですが、真夏をのぞけば比較的いつでも楽しめる環境です。真夏は繁殖も終わってあまりさえずらないし、多くの鳥が換羽《かんう》（古い羽根が抜け落ちて新しい羽根になること。鳥の多くは1年に一回全身の羽根を換羽する）の季節なので、動きが不活発になります。暑くて木陰から出てこないというのもありそうです。その他の季節であれば夏鳥や冬鳥、渡り途中の鳥など季節によって違う鳥を楽しむことができますが、木々の中から鳥を探したり、姿が見えないから声だけで識別したりすることも多いので、初心者には鳥の存在を楽しむことはできても、識別したいと思うとレベルが高いかもしれません。

では、河川はどうでしょうか。山と違って何かしら鳥を見ることができる環境だと思います。セキレイ類やサギ類、カイツブリ、カルガモ、最近ではオオバンなどの水辺の鳥たちは1年を通した常連です。また、水辺に生息する鳥ではなくても、鳥は一年を通して水を必要とします。飲み水として、そして水浴びで羽をクリーニングしたり、暑い日にクールダウンしたりするために水が不可欠なのです。水があるところには鳥が集まると覚えておけばいいでしょう。視界を遮るものもあまりないので、鳥を見やすいというのも利点ですね。これは湖沼でも水路のような場所でも同じです。ただし、視界を遮るものがないということは日差しを遮るものもあまりないということですから、炎天下では過酷な環境でもあります。熱中症対策は十分しましょう。

河川や湖沼のような場所では、冬はカモ類がたくさん越冬のために集まります。カモ類は見ていても飛んで行っていなくなることはあまりないので、じっくり観察できます。初心者向けとしては簡単にじっくり見ることができるので良い環境ですね。

海はどうでしょうか。海に行くなら河川の河口など干潟が出る場所や、漁港がある場所は狙い目です。干潟はレジャー客でにぎわっていなければ、比較的鳥を見ることができる環境でしょう。特に春から秋にかけてはシギ・チドリ類が通過します。いろいろな種類が多様なくちばしで餌を食べていますのでそれを観察するのもおもしろいです。もう一つの狙い目である漁港は、海が荒れたときは海鳥が避難してくるときもありますし、漁港には魚などが落ちていたりするのでカモメ類が集まってきます。冬のほうが鳥は多いかと思いますが、それでも1年を通して鳥は見られるでしょう。また、海で注目してほしいのが海上です。肉眼ではただの海にしか見えないと思いますが、双眼鏡や望遠鏡で見るとミズナギドリの仲間などが飛んでいることが多いです。お見逃しなく！

以上のように、河川や海辺は鳥が見つけやすく初心者にはいいのですが、問題もあります。それは鳥との距離です。山を歩いていて出会うときよりもかなり遠くにいる鳥を見ることになります。双眼鏡ではよくわからない場合も多いので、望遠鏡が必要になる場合が多いのです。その点も含めて出かける場所をチョイスしましょう。

最後にとっておきの環境を書いておきます。それは市街地にある緑地です。皆さんの住んでいる場所には林があり、池があるような公園はありませんか？ 山でしか出会えない鳥も確かにいますが、一般的な陸鳥や水鳥の多くが緑地のある公園で見られます。山地のような自然豊かな環境は鳥たちにとってとてもいい環境なのですが、広大な環境の中に鳥たちがゆとりをもって暮らしているので、密度で考えると低く、鳥に出会える機会は割と少なくなります。それに対して市街地にある公園は限られた面積に鳥が集まってひしめき合っているイメージで、密度が高いため鳥に出会える機会も多いのです。特に近年、戦後にはまばらだった市街地の緑地が、公園や街路樹などの緑が成長することで緑道となって、山とつながりました。そのため、山から鳥が市街地に入ってきて、市街地の公園でもいろいろな鳥が見られるようになっています。まずは近くの緑地から鳥を探してみましょう。

どこを探す？

なんとなく出かけてブラブラし、偶然出てきた鳥を観察するというのも悪くないですが、効率良く鳥を探そうと思ったら鳥がいる場所について考える必要があります。水がある環境がいいというのはすでにお話ししました。行った先で水辺環境の周りを探すのはおすすめです。他にはどうでしょうか。やはり、水と合わせて餌についても考えるべきですね。鳥は餌を食べないと死んでしまいます。時期にもよりますが、森林だとこの点をおさえているかどうかで鳥との遭遇率が変わると言っても過言ではありません。まずは鳥が食べる実がなる木を探しましょう。

そのためには植物を少し勉強する必要があります。春であればサクラの仲間、夏から秋はミズキやムクノキ、ケヤキ、エノキ、カキノキ。ケヤキなどは冬でも下に落ちた実を狙って鳥が集まりますし、カキノキの実も冬まで残って鳥の大事な餌となります。

また、冬はヌルデやハゼなどのウルシ科、フサザクラやカエデ類、シデ類、カツラ、キヅタの実。カラ類やアトリ類であればハンノキの仲間やカラマツの実も好まれます。イカルはサワグルミの実も食べますし、場所によってはカラ類がオオバアサガラの実を好んで食べていたこともありました。レンジャクはヤドリギの実が好きなのは有名ですね。また、サカキやヒサカキの実も小鳥は大好きです。ヒヨドリやメジロはソヨゴの実も食べます。林道沿いであれば、法面《のりめん》に植えられたマメ科植物に冬は鳥が集まってきます。

花の蜜にも注目しましょう。初夏はヒサカキの花、冬はツバキ、春であればウメやサクラの花が咲いていれば、鳥

下に落ちたケヤキの実に
集まるイカル

サクラの花で蜜をなめるメジロ

ヒカサキの実を食べるメジロ

カキノキの実を食べるシジュウカラとメジロ

秋		冬	
○	夏鳥の渡去、冬鳥の渡来が楽しめる。ただし木々の中で姿が見えにくいので中上級者向け	△	餌が無くなると標高の低い場所に移動してしまうので、全体的に鳥が少なくなる。ただし山地でしか見られない鳥もいる
○	夏鳥の渡去、冬鳥の渡来が楽しめる。水田があり水が張ってある場所は鳥が集まりやすい	○	ハクセキレイ、タヒバリ、ムクドリ、ツグミ、モズの他、サギ類も観察できる
○	セキレイ類やサギ類、カワセミ、カイツブリ、カルガモ、オオバン、チドリ類など多様な種が観察できる	◎	セキレイ類やサギ類、カワセミ、カイツブリ、カモ類、オオバン、チドリ類、タカ類など多様な種が観察できる
○	夏鳥の渡去、冬鳥の渡来が楽しめる	◎	カモ類などの水鳥やサギ類、セキレイ類、ミサゴなどが観察できる
◎	シギ・チドリ類、カモメ類、アジサシ類、その他海鳥が観察できる	◎	シギ・チドリ類、中大型カイツブリ類、カモメ類、サギ類、カワウ、カモ類などが観察できる
○	カラ類やセキレイ類、ムクドリの他、夏鳥の渡去、冬鳥の渡来など渡り鳥を観察できる	○	カラ類やセキレイ類、ムクドリの他、ツグミなどの冬鳥が観察できる。池があればカモ類やカイツブリ、カワセミも期待できる

		春から夏		真夏（7～8月）
山地	○	夏鳥が渡来し、留鳥とともに繁殖でにぎわう。木々の中で姿が見えにくいので中上級者向け。標高の高いところは雪どけも遅いので注意	△	真夏は動きが悪く観察しにくい
耕作地	○	春は渡去前のツグミや冬鳥、繁殖する鳥が見られる。水田があり水が張ってある場所は鳥が集まりやすい	△	真夏は動きが悪く観察しにくい
河川	○	セキレイ類やサギ類、カワセミ、カイツブリ、カルガモ、オオバン、チドリ類やコアジサシなど多様な種が観察できる	○	セキレイ類やサギ類、カワセミ、カイツブリ、カルガモ、オオバン、チドリ類など多様な種が観察できる
湖沼	○	冬ほどではないがカイツブリやカワセミ、サギ類など水辺は良い観察場所	○	セキレイ類やサギ類、カワセミ、カイツブリ、カルガモ、オオバンなどが観察できる
海（干潟など）	◎	シギ・チドリ類、カモメ類、アジサシ類、ミズナギドリ類、その他海鳥が観察できる	○	シギ・チドリ類、カモメ類、アジサシ類、ミズナギドリ類、その他海鳥が観察できる
都市部の公園	○	カラ類やセキレイ類、ムクドリの他、春は渡去前に冬鳥が集まりやすい。池があればカイツブリ、カワセミも期待できる	△	真夏は動きが悪く観察しにくい

が集まってきます。そういった場所をチェックしながら歩くのもいいですし、その場で来るのを待つというのもいいと思います。むやみに歩き回るよりは、花が咲いている、または実がなっている木の前で待っているほうが、鳥がたくさん見られることもよくあります。ただし、注意すべきなのは鳥があまり来ない木の実。イイギリは真っ赤な実がたわわになるので、すごく目を引きます。この実は鳥がまったく食べないわけではないのですが、真冬までずっと残っています。目立つからとイイギリの実の前で待っていても、たぶん鳥は来ないでしょう。そういう意味ではナナカマドも良い時期があるのか遅くまで残っています。

これらの他にも、真冬は広葉、針葉問わず常緑樹が点在する場所が好まれるので

フサザクラの実を食べるウソ

チェックしましょう。常緑広葉樹はねぐらにもなりますし、昼間も餌となるクモや昆虫が越冬しているのを見つけることができるようです。また、林縁部は鳥が集まりやすい場所です。日が当たり餌となるクモや昆虫などが集まりやすい他、林内より地面が開けているので餌が探しやすく、林にすぐに逃げ込めるという利点もあり林縁部は好まれます。鳥を探すときは林縁部に沿って歩くのがおすすめです。

後ろを振り返ろう

Ⅲ章「フィールドで役立つ服装と装備」でも少し書きましたが、最近はスマートフォンの地図アプリで自分の居場所がわかるので、地図を読んだり道を覚えたりする人が少なくなりました。しかし、スマートフォンはバッテリーが切れるかもしれないし、故障するかもしれない。または落として紛失することだってあるでしょう。そうしたときに道もわからない、どう歩けばいいのかもわからないというのは困りものです。

皆さんには国土地理院が出しているような地形図を読めるようになってほしいと思います。地図の読み方の詳しい話はⅤ章でお話ししますが、山の中でなくても普段から機械に頼らず道を覚えるという習慣を身につけてほしいですね。

これは車も同じです。そうすることで自分の位置を把握する能力は飛躍的に上がります。買い物で初めてのお店を訪ねる際は、ナビに任せるのではなく、まずはどこをどう通っていけばそのお店に到着できるのか、インターネット上の地図を見ながらでもいいのでイメージする癖をつけてください。その感覚はフィールドでもきっと役立ちます。

また、フィールドを歩くとき、特に山を歩いているときは、ときどき後ろを振り返る癖をつけましょう。分かれ道があったときは必須です。行きにここを曲がったと覚えていても、行きに見ている景色と帰りに見る景色は違うので、帰りに道を誤る危険があります。結果として間違えていなくても、「こっちでよかったんだっけ？」と不安になった経験がある人は多いと思います。道を曲がった後に振り返って景色を覚えておけば、帰りに曲がるところを誤るリスクを軽減できます。鳥を探しながら歩いていると自分がたどった道の確認がおろそかになりがちです。ぜひ習慣づけてください。これは普段の町中でもやってみるといいですね。

あと、もう一つ習慣づけておいてほしいのが、太陽の位置確認です。鳥が上空を飛んで、その影で鳥の存在に気づき見上げることがあります。しかし、ただ真上を見ても見つからないことがほとんどです。なぜなのか？それは太陽の位置を把握できていないないからです。鳥の影が地面を横切った場合、見る方向は影と太陽を結んだ方向です。見当違いの方向を見ても見つからないのです。鳥の影が横切ったときに鳥を追えるよう、太陽の位置をときどきチェックしておきましょう。

先の分岐点では、振り返って景色を確認する

振り返った景色。振り返っていなければ
帰り道がわからなくなるかも

かぶれる植物に注意

野外にはアレルギー性接触性皮膚炎、いわゆるかぶれる植物が意外に多くあります。肌が弱い人では近くを通っただけでもかぶれるという場合もあります。鳥の調査や野鳥観察では、藪を漕いで進むとか体を支えるために木をつかむなんてことはよくありますが、それがかぶれを引き起こす種であれば一大事です。特に危険度が高いものをあげてみますので、どんな植物がかぶれを引き起こすのか、知識として身につけておきましょう。

かぶれる原因となる物質は主にウルシオール、ラッコールですが、皮膚の弱い人はそれ以外のいろいろな成分にもアレルギー反応を起こすかもしれません。かぶれるかどうかは人によると思いますが、以下の植物は要注意です。かぶれる可能性は年間を通してありますが、特に枝葉など

ハゼノキ

ヤマウルシ

から出る汁に触れるとかぶれる可能性が高まります。不用意に切ったりなぎ倒したりしないよう心がけてください。

ウルシ科　**ウルシ、ヤマウルシ、ツタウルシ**

有毒成分：ウルシオール、ラッコール（ツタウルシの葉）。ハゼノキ、ヌルデも同じウルシ科であるが、先にあげた種に比べるとかぶれる人は少ない。

ケシ科　**クサノオウ**

有毒成分：アルカロイド（ケリドリン、プロトピン、ケレリトリンなど）。葉を切ると黄色い成分が出てくるが、これがかぶれる原因となるので注意

これらはかぶれる可能性が高い種ですが、ハナウドやマムシグサなど摘み取ったときに出る汁に触れるとかぶれるものもありますし、普段かぶれない植物でも草木の汁に触れることでかぶれを引き起こす場合もあります。皮

ヌルデ

タラノキ

膚の弱い人は草木への接触に注意しましょう。草木の中に踏み入るときは、長袖はもちろん、手袋をして入ることをおすすめします。

また、ヤマウルシなどのウルシ科の植物は羽状複葉《うじょうふくよう》と呼ばれる葉の付き方をしていますが、似たものでオニグルミやタラノキなどかぶれないものもあります。植物が苦手だとかぶれるものかどうかを判断するのは難しいと思いますので、羽状複葉の植物があったら避けて通るのが一番かもしれません。

この他、植物ではありませんがカエンタケにも要注意です。初夏から秋にかけて発生する菌類ですが、昔から触るだけでも皮膚がただれるとの噂もあります。触っても大丈夫という人もいますが、成熟度にもよるかもしれませんし、皮膚の弱い人は影響を受けやすいかもしれません。近年、カシノナガキクイムシが産卵することで起こるブナ科植物のナラ枯れが広がり、枯れ木の根元に発生するカエンタケも増えています。よく似たものにナギナタタケもありますが、こちらは無毒です。色や形が異なりますので見わけは簡単ですが、どこでも目にするナギナタタケだと思って注意を怠っているとカエンタケだったということもあり得ますので注意です。

カエンタケ。
形はさまざま、棒状のものもある。

観察しているのは人も鳥も同じ

私たちはフィールドに出て鳥を観察しますが、たいていの場合、鳥もこちらを観察しているし、何より私たちが鳥を見つけるよりも先に鳥に気づかれていることが多いです。歩いていて鳥がこちらに気づくより先に見つけるのは至難の業です。こちらを気にせず餌を食べているようでも、私たちとの距離を常に把握し、これ以上近づかれたら危険だと思うボーダーラインを超えるとさっと逃げていきます。そのため、いかに彼らが意識しているボーダーラインを超えないように鳥に近づくかが一つのキーポイントになりますね。

例えば鳥と私たちとの間に岩や木があったとします。たぶん鳥も何かしら目印になるものを目安として設定していると思うので、もしかしたらそこがボーダーラインになっているかもしれません。同じ距離でも鳥と人間の間に川が流れていたり谷になっていたり、壁があったりと、物理的に近づけない場所では、鳥もそれをわかっていて近づかせてくれることもあります。歩いて近づくより車で近づくほうが断然近寄れるというのも皆さん体験としてあるのではないでしょうか。そういうことを意識しながら観察していると、だんだんこれぐらいなら逃げないかなという距離感がつかめてきます。これは知識で身につくものではないので、繰り返し体験しながら身につけてください。

また、猛禽類を観察していてよくある話ですが、1km以上離れた場所に止まっている猛禽類を観察していて、1時間、2時間とまったく動かず、疲れた〜と思って望遠鏡から目を外した瞬間、猛禽類がいなくなっているということがあります。こちらがこっそり観察しているつもりでも、実は向こうもこちらを観察しているのです。鳥にとって普通に歩いている人間は気にとめなくても、止まって自分のほうに双眼鏡や望遠鏡を向けて動かない人間からは、ある意味殺気ともとれる異様な雰囲気を感じているのかもしれません。

姿勢を低くして近寄る人間は捕食者の動きそのもの。なかなか難しいと思いますが、観察するときは自然体で臨みましょう！　鳥を探しながら、鳥の視線を感じられるようになれば鳥を見つけるのも楽になっていいのですけどね。

気配を消す

鳥を観察するのに気配を消したいと思ったらどうしたらいいでしょうか。以前愛読していた釣り漫画では「木化け・石化け」を極めて気配を消し自然に溶け込んで釣るなんてシーンもありましたが、そこまで極める必要はないでしょう。

基本的には気配を消すというよりは、前の項でもお話ししたように、鳥に警戒されるような雰囲気を作らない、自然体が一番です。双眼鏡で鳥を追う場合も、目をギラギラさせて捕食者が獲物を追うように追いかけるのではなく自然に近づく。といっても具体性がなく理解が難しいかと思います。例えば鳥がいたときに指をささない、姿勢を低くして身構えないというのも一つの例だと思います。

以前、山の上の展望台で観察していたら頭上に何か止まった感触があり、その直後に目の前でイワツバメがホバリングしていました。どうやら頭上にいるのが巣立った子供で、前でホバリングしているのが親鳥なのだと思いますが、お互いに鳴き交わしています。どうしようとオロオロしていると頭上のイワツバメも飛び立ち、親鳥と一緒に飛んでいきました。たぶん、子供は「疲れたぁ」と言って私の頭上に止まり、親鳥は「どこに止まってんのよ!?」と言ってあわてていたのではと勝手に想像しています。このときも猛禽類が出ないなぁとぼーっと眺めていたので、ある意味で自然体だったのかもしれません。

この他、シンプルな方法としては一か所で動かないという前提になりますが、ブラインドを使うという方法もあります。要は鳥から隠れるための何かを使うということです。ブラインドとひとくちに言ってもいろいろありますが、迷彩柄の布やポンチョを被るだけでも十分なブラインド効果があります。ただ、これだと身動きできず長時間はつらいので、簡易用の一人用テントを使うのも一案です。簡易用だと底がないものがあります。これならば、中に入ったまま設置位置の修正ができるのでおすすめです。人によっては周りの木々も使って壁や囲い、小屋に近いものまで作りこむ人もいますが、これは土地所有者の許可が必要になりますので、許可なしに勝手に作るのはいけません。

また、視界を確保したくて木を切ったり枝を折ったりというのも絶対やめましょう。

カムフラージュテント

夜の観察

鳥には、昼間活動する昼行性の鳥や、夜に活動する夜行性の鳥がいます。夜行性の鳥を観察するには同じ場所で動かずにフクロウやヨタカなどの声を聞いて楽しむという方法もありますし、車を走らせながらライトを使って鳥を探すという方法もあります。南西諸島では夜に車を走らせれば、いろいろな夜行性の鳥が見られる他、道路に突き出した枝や電線で寝ている昼行性の鳥を見ることもできるので、楽しいこと間違いありません。

しかし、最近は夜の観察に規制がかかっている場所もあります。沖縄県のやんばる地方では、林道はライトを使った夜の観察を自粛するよう呼びかけられていますし、奄美大島ではナイトツアーが多すぎて人数制限をしている林道もあります。確かに夜の観察は楽しいのですが、鳥にライトを当てることになりますし、寝ているところを起こすことにもなります。昼間の観察でもそうですが、私たちが楽しむために鳥に悪影響を与えるのはよくありません。夜の観察が好きな私があまり言えたものではないですが、鳥のことも考えながらほどほどに観察させてもらうのがいいかと思います。

天候の変化を予測しよう

フィールドで天候の変化を予測するのはとても重要です。いち早く天候が崩れるのを察知できれば、天候が崩れる前にできることをやるという効率化が期待できます。昔の人は経験の積み重ねで、自然や環境のちょっとした変化から天候の崩れを予測していました。例えば「ツバメが低く飛ぶと雨」は聞いたことがある人も多いと思いますが、これは科学的に説明できます。雨をもたらす低気圧が近づいてきて湿度が高くなると、餌となるユスリカなどは翅《はね》が重くなり高く飛べないので、それを狙うツバメも低く飛ぶようになるのです。

また、「日がさ月がさ出ると雨」は太陽や月の周りに薄い色の輪ができることを指しますが、これも科学的に説明できます。日がさ月がさは低気圧の進行方向に現れる巻雲や巻層雲が太陽や月に覆いかぶさってできるので、低気圧の接近を示しているのです。同じ理由でうろこ雲（巻積雲）やひつじ雲（高積雲）が見られれば、低気圧が近づいていることを意味します。現代では飛行機雲が長く尾を引いていれば天候が崩れる予兆としています。上空の湿度が高くなっているときには、排気ガスの熱で水蒸気

ひつじ雲

太陽の輪

接近する雨

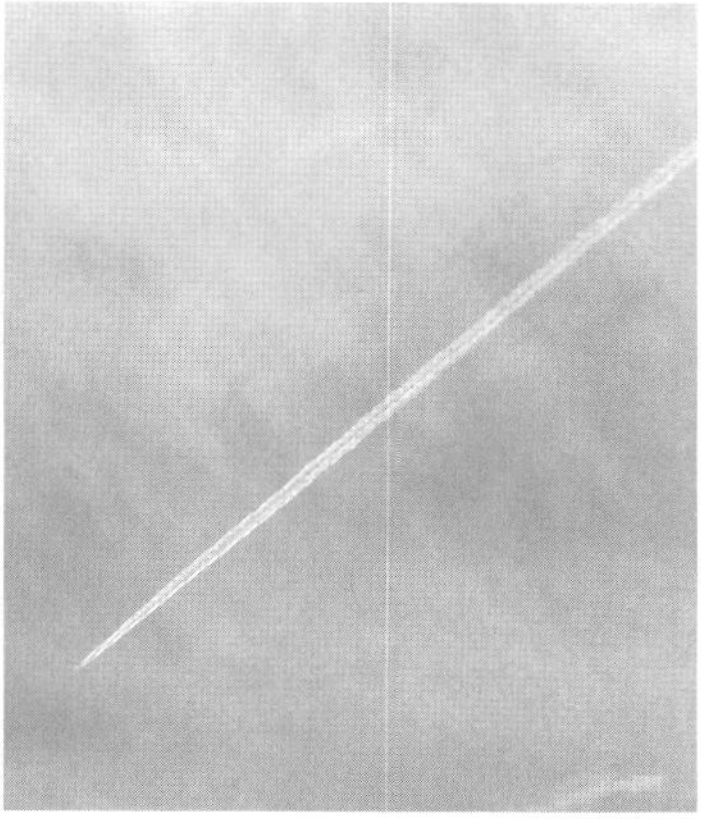

飛行機雲

ができるため、飛行機雲が顕著に現れ尾を引くのです。

この他、急に生暖かい南風が吹き始めて違和感を覚えたことはないでしょうか。これは低気圧が北側を通過するときに南風を巻き込んで起こる現象です。また、雨が降る前に土の匂いを強く感じたことはないですか？ これも近くで雨が降り土に降り注いで舞い上がった匂いが風に乗って届いたためです。それぞれの理由を知っていれば周辺で起こっていることを予測できます。このように自然界の変化を少し知っているだけでもフィールドでは役立つので覚えておくといいでしょう。

近年はアメダスによる雨雲レーダーがとても便利です。スマートフォンのGPS機能と合わせれば現在地周辺の雨雲がどうなっているか、今降っている雨はどれくらいで止むのか？ 強くなるのか、弱くなるのか？ 雨雲がすぐに通過するかどうかなど、1時間先まで知ることができます。最近では予測できる時間が長くなっているので、アプリによってはもっと先の雨を予測することができるようになりました。調査や野鳥観察を継続するか打ち切るかで悩んでいるときは、このアプリに頼ることが多いですね。いろいろなアプリがありますので、使い勝手のいいものを選んでほしいと思います。

雨の中の観察

皆さん、雨男、雨女っていると思いますか？ 私はいると思います。なぜかと言えば、自分がもとは自他ともに認める雨男だったので。そのころは調査に行くと雨ということがよくあり、外出先で急に雨にあうこともあるので、折り畳み傘はいつも鞄に忍ばせていました。沖縄のやんばるでは雨どころか雷雨になることが多く、一度は大雨でやんばるのどこかで人が流されたから林道に入らないようにと環境省から連絡をいただいたことも。

また、雨男を脱却したはずのときでも大雨になり道路は冠水。環境省から「昨日まで良い天気だったのに40日ぶりの雨だ」と言われたときは苦笑いするしかありませんでした。その名残で、雨男から脱却した今も折り畳み傘は鞄に常備しています。ちなみに今は自称晴れ男です。まぁそんな過去を持っているので、雨の中の観察は少しうるさいかも。まず、雨が降ると鳥は活動しなくなるので見られなくなるというのは、半分正解で半分誤解だと思います。

鳥は体温が高く40℃前後、高いものだと43℃もあり、小さな鳥だと体温が下がっただけで死んでしまいます。そのため、濡れて体温を下げることは極力避けなければいけません。しかし、小さな鳥ほど体温を保つためには食べることが大事で、餌を食べて消化することで熱エネルギーに変換し体温を保っているのです。

雨の度合いにもよりますが、羽毛を常に手入れすることで羽毛の微細構造に蓄えられた空気と羽毛の表面に塗られた油が水をはじき、皮膚までは雨水が届かないようになっているので、基本的には濡れないことより食べることを優先していると考えていいでしょう。雨を避けながら藪の中や葉が多い木々の中で餌を探しているということもあるでしょうから、見つけにくくなっているかもしれませんが、動かずにじっとしているわけではありません。ただし、これらは小鳥の話で、猛禽類など上昇気流を使って飛ぶような鳥は、あまり動かず上空に上がってこないので見つけにくくなります。彼らは素嚢に食物を蓄えたり、脂肪をつけて活動したりすることができるので、数日間餌が捕れなくても死ぬことはありません。

また、鳥によっては雨が好きな鳥もいます。例えばアカショウビンは「雨降り鳥」や「雨乞い鳥」と呼ばれるぐらいで、今にも降りだしそうな空模様のときや、雨が降り始めるとよくさえずります。そのため、雨の日だから鳥が観察できないということはないのです。ただし、声が聞きとりにくくなるというのはありますね。傘をさしていれば傘に雨が当たりうるさくなりますし、森の中でも葉や地面に落ちる雨音が鳥の声を遮ります。この音が気になり始めたら、野鳥観察ならまだしも山の中での鳥の調査では不向きな天候でしょう。集中力も欠けてきます。

これに関連して、雨のときは傘がいいかレインウエアがいいかについても考えてみましょう。欧米では野鳥観察に限らず、普段から傘をさすということをあまりしませんが、日本人は雨が降ると傘をさします。野鳥観察でも傘をさす人が多いと思います。

それぞれのメリットデメリットについて考えてみます。雨音は傘でもレインウエアでもすると思いますが、傘と違ってレインウエアは耳をふさぎ雨音も耳元で鳴るので、鳥の声はかなり聞きにくくなります。また、図鑑などを見たいときに傘がないと図鑑がビショビショになってしまいます。一度濡れた図鑑は乾かしても波打ってしまい悲しい状態になります。

双眼鏡も接眼レンズが濡れてしまうと鳥を観察しにくくなりますが、傘があると完璧ではありませんが接眼レンズを保護することにつながります。双眼鏡によっては接眼レンズにカバーがありますが、歩いていると外れることが多く、気づくと接眼レンズが濡れてしまっていたということがよくあるのです。しかし、傘は片手をふさぐことになるので双眼鏡も片手で扱うことになります。風があると傘が飛ばされないようにするのに四苦八苦しますし、木の枝が混んでいるような場所では傘を持って歩くのも大変です。透明傘でなければ視界も狭まりますね。また、雨が止んだときに折り畳み傘でさえ濡れた傘をどうするかで悩みますし、折り畳みではない傘であれば邪魔になってしまいます。

これらを考えるとどちらにするか悩みますが、とりあえず傘なしで野外を歩くということに慣れていないとストレスもたまり、場合によっては風邪をひくことにもなりますので、日本人の習慣から考えても折り畳み傘は持っていていいと思います。あとは両方のスタイルを試しながら自分に合ったほうを選んでみてください。

人間の脳が作り出す幻影

まず、私たちはどうやって鳥を見て認識しているのか、目の仕組みについて理解することから始めましょう。

目はカメラでいうレンズで、角膜から入った光を奥にある網膜に水晶体を通して投射します。そして、網膜にある1億個もの視細胞それぞれが受容した光の特性を電気信号に変え、視神経を通じて脳に伝達し、脳がそれらの電気信号を処理し組み合わせて初めて見ているものが映像化されて認識されるのです。網膜と脳がカメラ本体ですね。しかし、カメラと違うのは、取り込んだ情報が必ずしも寸分たがわず脳で映像化されない、または適切に映像化されても変わらぬ形で保存されないことです。

例えば、フィールドで種のわからない鳥を見たとします。見たときは覚えていた情報も、頭の中でいろいろ考え、時間とともに見ている景色や別の鳥の情報、人との会話が脳に加わるうちに、本来なかった情報が追加され、だんだん記憶が改ざんされていきます。人に説明しようとすると、こうだったかもしれないという情報が口から出たとたんにそれがインパクトの強い情報となり自分の中で確固たるものになってしまいます。家に戻ったころには見たときのイメージがそのまま残っているかは怪しいもので、一晩寝たらもう何が正しくて何が正しくないのかわからなくなってしまいます。

また、見たのが目の前を飛んで通り過ぎた一瞬だとします。ほんの1秒に満たない間に見た姿、形を一所懸命思い出そうと頭の中で繰り返しイメージすると、その間に余計な情報が入って、正しくない記憶が作成されることもよくあります。特に見たいという願望が強いと、目から脳に伝わり映像化処理されるときにすでに改ざんされてしまうこともあります。疲れているときや眠いときにはさらにその発生率が高まります。そのため、自分の記憶はいい加減なものだという認識は持っておくほうがいいです。見た瞬間にメモを取るというのも必要ですね。

写真で撮ればという考えもあるかもしれませんが、その一瞬をカメラを向ける作業に費やし、失敗すればどんな鳥かもわからないということにもなりかねないのでご注意ください。

人間は誰しも、見たいものを脳で作り出すということが起こり得ます。カメラのように見たものをそのまま記憶にとどめることはなかなかできないので、そういうことがあるということは認識し、鳥を識別するときは「こう見えたけれど実は思い過ごしかもしれない」など、柔軟な解釈で進めるほうがいいでしょう。

野鳥観察のマナー

野鳥観察でおろそかにされがちなマナーについて考えてみましょう。

鳥は私たち人間が決めた土地の境界など関係なく暮らしています。そんな鳥を追っかけて夢中になっていると、気づかずに私有地に入っていることもあるかもしれません。私有地とは個人宅や企業の敷地というだけではなく、農耕地や空き地、駐車所など、公共の場所でなければみな私有地です。

人によってはわかっていても少しぐらいいいかと思って私有地に入る人もいるかもしれません。しかし、これは完全なルール違反です。場合によっては不法侵入という犯罪となります。また、農耕地は一般車通行禁止の場所に車で入り込み農作業の邪魔になっている車もいます。一般的に農耕地は農作業車優先の場所が多いので、かなり気を使わないといけない場所です。

では、入らなければ何をしてもいいのかというと、それはそれで別の注意点があります。例えば人の庭を双眼鏡で覗くのはよくありません。自分は鳥を見ているつもりでも相手が家の中を覗いていると思うこともあります。人とのトラブルは避けたいものですね。

人とのトラブルと言えば、観察していることで通行の邪魔になったり、同じ鳥を観察する人同士でトラブルを起こしたりすることもあります。観察者同士のトラブルは、ゆずりあいや気づかいで解消される場合が多いので、野鳥観察を楽しむためにも頭に入れておきましょう。

野鳥に対する配慮も忘れてはなりません。繁殖期間中に、鳥が逃げずに周りをウロウロしていたという経験をお持ちではないでしょうか。この場合、巣が近くにあり、人が見ているから警戒していたということが少なくありません。場合によっては餌を持って巣に持ち帰るのに気にせず見ていることで、巣に入れず結局餌を自分で食べてしまうということもあります。これによってヒナはお腹を空かせて餓死する可能性もありますし、親が周りで警戒したり、人が同じ場所を見ていたりすることで、カラスなどの天敵の注意を引くことにもなります。繁殖期に限らず、野鳥への影響も常に考え、野鳥を見つけても状況によっては早目早目に移動することも頭に入れておきましょう。

テーマを持って出かけよう

フィールドに出かける際、何となく自然の中を歩きたくてブラブラするというのももちろんＯＫです。やはり自然の中に入っていくことに堅苦しい考えは抜きにして楽しむことを優先してほしいと思います。ただ、フィールドでの経験値を上げていきたいのであれば、一歩踏み込んでいくことも重要です。漠然と鳥や自然を見るのではなく、そこに気づきをどれだけ見いだせるかがポイントです。そのためには何かしらテーマを持ってフィールドに入るのがいいと思っています。

例えば、鳥が何を食べていたかというのは一度はやってみてほしいテーマです。その時期、動物食だったか植物食だったか、植物は何を食べていたか、逆にその植物を食べに来たのはどんな鳥か。そうするとその時期、森にどんな食べ物があるのかが理解できてきます。それを違う季節でもやってみると、前回来たときにはたくさんいた鳥が全然見られない。この前たくさん付いていた実も無くなっている。そうか、この実があるから鳥が集まっていたのか！というように気づきが連鎖していきます。

また、季節によって渡って来る鳥を目的に、そろそろ来ているはずだ、またはもういなくなったかな？ということを頭に入れながら歩くと、単に「今日はこんな鳥を見ることができた」では終わらず、「もう来ているはずなのに見られなかったなぁ」、「飛来が遅れているのかなぁ」といった気づきにもつながります。

私は羽根集めが趣味なので、フィールドに出ると羽根を探します。それを繰り返していると、自分では観察していない鳥の存在、換羽の時期などが情報として入ってきます。これもいろいろな気づきへとつながっていきます。あるとき気づきと気づきがパズルのピースがはまるようにつながって、また新たな発見になることもあります。

ただ、鳥をたくさん見たというよりも、そこに新しい発見、気づきがあれば、フィールドはより楽しくなるに違いありません。

マイフィールドを持とう

いろいろな場所に行っていろいろな鳥を見る。これも大事なことです。「井の中の蛙大海を知らず」という言葉があるように、同じ鳥でも地域によって鳴き方や食べる餌が違うこともありますし、何より同じ場所で見られる鳥の種類は限られますから、いろいろな種類を見るという意味でもいろいろな場所に出かけるのはいいことだと思います。

しかし、同じ場所に通い続けるのも大事なことで、地域によって鳴き方や食べる餌が違うということにだって、その基準となる情報がなければ気づくことはないでしょう。そのため、皆さんが「ここのことなら他の人より知っている」と言えるぐらいのマイフィールドをぜひ持ってほしいと思います。そうすれば季節による移り変わりは当然のこと、渡り鳥の飛来が例年と比べてどうなのかという情報も得られます。

また、何年も見ていれば、昔はたくさん見られた鳥が見られなくなったとか、昔はいなかったのに見られるようになったという変化にも気づくことができます。これらの情報、経験が他の地に行ったときには、新たな気づき、発見につながり、それが自分の経験値のアップになりますので、ぜひマイフィールドを持ってみてください。

人との出会い

観察地で地元の人と話していると、いろいろな情報が得られます。地方での鳥の呼び名や人との関わりなど、おもしろい話が聞けることがよくあります。そういう意味では、地元の人と話すというのも楽しいものです。

とはいえ、調査で仕事として鳥を見ている場合は、「その調査のことをあまり詳しく話せない」、「どこまで話していいかよくわからない」、または自分に言えることですが、

「口が軽いのであまり話したくない」といったこともあります。特に地元の人と話が始まると、長くなって調査にならなくなることもあるので、「話しかけるなオーラ」を発し続けることがよくあります。具体的にどんなオーラか聞かれても答えられないのですが、とにかく目を合わせず、調査に集中していて声をかけづらい雰囲気を出す感じでしょうか。しかし、オーラを発し続けてもオーラなど意に介せず話しかけてくる人は話してきますから、そうすると、もう雑談がエンドレスに続くこともあります。

相手は鳥を見ていると知ると、いろいろな情報を教えてくれます。あんなのを見た、こんなのを見たという鳥情報や、その人なりの保護意識みたいなものなど、実際に話していると楽しいことが多いので、仕事であまり話せない状況でなければ、ぜひ話してみてほしいと思います。

一緒に仕事で鳥を見ている人の中には、地元の人から野菜をもらったり果物をもらったりと、差し入れをよくもらう人がいます。見た目、人柄ということが関係していそうですが、そういう人は役得ですね。私はそういう経験はあまりありませんが、そういう差し入れも地元の人とのコミュニケーションがあればこそです。

双眼鏡を持ってウロウロしているが怪しい者ではないということを理解してもらうためにも、ぜひコミュニケーションをとってみてください。

V章

野鳥を調べてみよう

野鳥を調べるということ

Ⅳ章「フィールドに出かけよう」で、野鳥観察する楽しみや、観察することで生まれる疑問や気づきの大切さなどをお話ししてきましたが、この章では、知りたいことをどうやって知ればいいのか、「調べる」ということについてお話ししていきたいと思います。

鳥類について調べるという作業は、古くから行われていますが、疑問に思ったことを調べるためには、まず仮説を立て、それを証明していく必要があります。こういう言い方をするとハードルが高く感じてしまうかもしれませんが、もっと気楽に考えてみてください。

鳥を観察していて「なんでだろう?」と思ったことの理由を皆さんの感性で勝手に想像し、こじつけ、その理由を自分の中で納得できるものとするために観察し、調べてみるというだけのことです。学会などで発表される研究成果であっても、あくまで鳥の行動に人間が理由をつけ、その可能性が高いと結論づけているのが普通です。

人間は想像が好きな動物であり、好奇心も強い動物です。本能に従い、自分の知りたいという欲求を満たすために、調べるという作業に一歩踏み込んでみてください。なお、この章からは、調べるという作業を「調査」という言葉で表現します。少しかたい印象になりますが、この言葉にもぜひ慣れてください。

調査とバードウォッチングの違い

野鳥観察を英語で言うとバードウォッチング。バードウォッチングを直訳すると鳥を見ること。私がこれまでやってきたことであり、何ら違和感を持つような話ではないはずなのですが、仕事で鳥を調査しているときに地元の人から話しかけられ、「今、鳥を調べていて」と説明をすると、「あー、バードウォッチングですか」と言われることが多々あります。

そういう場合はどうにも釈然としない気持ちになります。意味は間違っていないのですが、自分がやっていることは遊びではないという気持ちが強いのだと思います。つまり、バードウォッチングは趣味で鳥を見ている場合を指すのではないかという解釈が根強くあるせいでしょう。

皆さんはどう思いますか？ そうやって反発しながらも、海外で「What are you doing?（何しているの？）」と聞かれると「Bird watching」と答えてしまいます。説明するのが面倒だし、相手はそれですべて納得するので、なんと便利な言葉だろうと思い使ってしまうのですが、プライドも何もあったものじゃないですね。

調査という言葉の中には観察するという意味でバードウォッチングが含まれているかもしれません。しかし、調査はある目的を究明するために調べるという意味であるため、調査とバードウォッチングは同意語ではないのです。英語で当てはめるなら「research」「investigate」「survey」などかと思います。

また、この人は鳥が識別できるから調査もできるのだろうという解釈は半分正解で半分不正解です。漠然と鳥を見ている場合、自分で識別できない声などを無意識にスルーしたり、見つけたい、または聞きたい声だけに集中して他は耳に入っていなかったりする場合もあります。

趣味のバードウォッチングではそれは個人の自由だし、何の問題もないのですが、これが目的を持って調べるとなると、すべての鳥に注意を払い、記録する必要があります。それには集中力の持続と、それをすることが当たり前になるように習慣づけることが必要です。調査手法に慣れていないと、記録することに意識がいき過ぎて鳥を見つけることがおろそかになることもあります。鳥が識別できるから調査ができるというわけではないのです。

とはいえ、そんなに身構える必要もありません。慣れの問題です。疑問に思ったことの答えを知りたいと思い、それを知るために行動するのは万人に与えられた権利です。あまり考えすぎずこの章を楽しんでください。

「見る」ではなく「観る」

I章「野鳥観察の楽しみ方」でも、野鳥観察ではただ漠然と見るのではなく、じっくり行動を追い、ときには行動に疑問を抱くような「観察」をすることが大事であるとお話ししてきました。「見る」ではなく「観る」です。調査にはこの「観る」という意識が必要です。

鳥を調査する場合、「いた」、「見た」、「聞こえた」ではなく、「見つけた」という意識も必要です。鳥はいつも私たちに存在をアピールしてくれているわけではないので、私たちが通れば身を隠すかもしれないし、隠さなくても動かなくなるかもしれません。

それを意識せずただ歩いていると、そこにいる鳥は見つからず、記録されないことになります。そのため、鳥が動いてくれるのを待つのではなく、自分で探して見つけるという意識が必要なのです。

また、自分の視力を過信しないことも重要です。なまじっか視力がいいと、ただ眺めてさえいれば鳥を見つけられると思う人もいるかもしれませんが、実際それによって見落としている部分はとても多いと思います。私は最近老化によって視力が低下し、あらためてそれを実感しています。かといって双眼鏡ばかり覗いていたら視野が狭くなって肉眼で発見できるものまで発見できなくなるので、肉眼と双眼鏡を使うバランス、タイミングが大事になります。これも調査に必要なテクニックだと思いますが、環境によってもこのバランスは変わってきますので、いろいろな環境で試し、経験を積んでみてください。

地図を読む

中学、高校と山岳部にいた私にとって地図は身近な存在で、読めて当たり前というものでした。今の日本鳥類保護連盟に入ってからも地図は必須で、新しい現場に入る度に国土地理院の地図を買いに地図屋さんに行っていたのを思い出します。しかし、今どきの人たちは地図を読めない人が多くてびっくりします。最近では地図を読める人が少数派で、地図を読めない人が普通とさえ思うようになってきました。

インターネットの普及で、スマートフォンの地図アプリがあればどこにいるかも教えてくれるし、スマートフォンを山のほうに向ければ山の名前を表示してくれるアプリもあります。そんな時代だから地図を読むということが重要ではなくなってきたのかもしれません。しかし、鳥を調査するとき、地図を読めるかどうかはとても重要です。例えば猛禽類の調査で1㎞離れた場所をオオタカが飛翔していたとしましょう。または広い河川の中洲にカモの群れがいたとしましょう。スマートフォンのアプリは、現在位置は教えてくれても離れた場所にいる鳥がどこにいるのかは教えてくれません。山なら山の地形、河川なら河川の形状や数少ない目標物から位置を推測しないといけないのです。

距離感も必要になってきますね。その地図が何万分の1の地形図で、1㎝が何mなのか。つまり、地図が読めないと、とんでもない場所に位置を記録するという失敗を犯すことになります。そのため、地図は必ず読めるということがとても重要です。私は現場に入ったとき、初めて現場に入る人に地図を渡して、可視範囲を図示してもらうことがあります。可視範囲とは読んで字のごとく、見えている範囲です。見えている山の山頂、尾根はどれとどれが見えていて、谷の中はどこまで見えているか。自分がいる場所から周りの木々や建物が邪魔をして見えない部分も正確に把握し、可視範囲を作成してもらいます。これができると見えている視界と地図がリンクするので、調査は格段にやりやすくなります。

しかし、これが地図に慣れていない人には難しいらしく、山登りが好きな人以外はまともにできた人に会ったことがありません。ここでは地形図の読み方を簡単に説明しますので、ぜひ身につけて役立てていただければと思います。

地形図の構成を理解する

①縮尺

地図を見て真っ先に気にしなければいけないのが縮尺です。通常、2万5000分の1より縮尺が大きい地図を使うことが多いと思います。国土地理院の地図では2万5000分の1の場合は1：2万5000と表示されています。

縮尺が大きい地図とは狭い範囲をより細かく示した地図です。2万5000分の1とは実際の大きさを2万5000分の1に縮小したものですから、同じ大きさの紙に示した場合、1万分の1より2万5000分の1の地図のほうがより広範囲を含んでいることになります。つまり、2万5000分の1より1万分の1の地図のほうが縮尺は大きいと表現され、より細かいところまで示されていることになります。

ここまでで、慣れていない人は頭が混乱してくると思いますので、頭の中で繰り返して理解を定着させるようにしてください。調査で使われる地図の場合、鳥の動きをより細かく記載しようと思ったら、縮尺が大きい地図が必要になります。鳥が小さい谷の中を横切った。電柱に止まっていた鳥が隣の電柱に移動した。こういった小さな動きは、縮尺が小さい地図には書き込みにくいのです。

また、調査で使う地図によってはコピーの際に拡大をしているものもありますので、地図の隅に書かれているはずのスケールを確認するようにしましょう。2万5000分の1の地図では、1㎝は250mです。もし縮尺だけ提示され、スケールが書かれていなかった場合、計算方法としては、1㎝に分母の数をかけることになります。2万5000分の1の場合、1㎝×2万5000＝2万5000㎝＝250mといった具合です。

②方位

国土地理院の地図は上が北、下が南になっています。しかし、地図の北と方位磁石が示す北にはズレがあります。方位磁石が示す北は「磁北」と呼ばれています。さらにややこしいのは、そのズレは日本全国共通ではありません。国土地理院の地形図にはこのズレを磁気偏角として示していますが、ウェブ上から閲覧する際には示されていないので目にしたことはないかと思います。

私は広島県で生まれ育ち、部活では中四国の山々を歩きました。その際、地図を購入したら必ず磁北を線で書き込むようにしていましたが、鳥の調査ではほぼ必要はないので、あまり気にしなくてもいいと思います。ちなみに東京も広島も磁北は西に7度ずれています。

また、地図の上が北と言っても調査中は東西などを間違えることもあります。そんなことはないよと思っていても意外に間違います。鳥がどっちに行ったよと他の人に連絡をするとき、その「どっち」の説明で混乱するのです。調査で使う地図に方位が示されていなければ、隅に書き込んでおくといいでしょう。

③等高線

地形図にはたくさんの等高線と呼ばれる線が引かれています。線は同じ標高をトレースしていて、太い線と細い線があります。細い線は主曲線と呼ばれ、2万5000分の1の地図では10m間隔に引かれています。

そして太い線は計曲線と呼ばれ、主曲線の五本目ごとに引かれているので、2万5000分の1の地図では標高が50m変わるごとに引かれています。ちなみに5万分の1の地形図では、標高が20m変わるごとに細い主曲線が引かれ、100m変わるごとに太い計曲線が引かれています。この等高線の間隔が狭いということは、少し進んだだけで標高が急激に上がり下がりしているので、間隔が狭いと急斜面、広いとなだらかな緩斜面と覚えておくといいでしょう。それから等高線が丸くなっているところはピークになります。

ピークに三角形と数字が書いてあれば、そこは山頂であり、数字は標高を示しています。初めての場所の地図を見たときは、まずこの等高線が丸くなっているところや三角形の山頂を示している部分を探しましょう。また、この等高線の間隔が広く表示されていないような場所は平地になります。

④尾根と谷

基本的には地形は尾根と谷です。まずはそこを理解しましょう。次に尾根はピークから伸びているという点を理解してください。初心者が一番間違いやすいのが、尾根と谷を逆にとらえてしまうことですが、ピークを見つけてから尾根がどこかを判断すれば、必然的に谷がどれかもわかりますし、間違うことはありません。

尾根と尾根に挟まれた場所が谷です。その見極めを習慣づけるために、最初はピークに印をし、そこから出ている尾根という尾根に線を引いてみてください。それを繰り返していると、だんだん地形図が理解できるようになります。

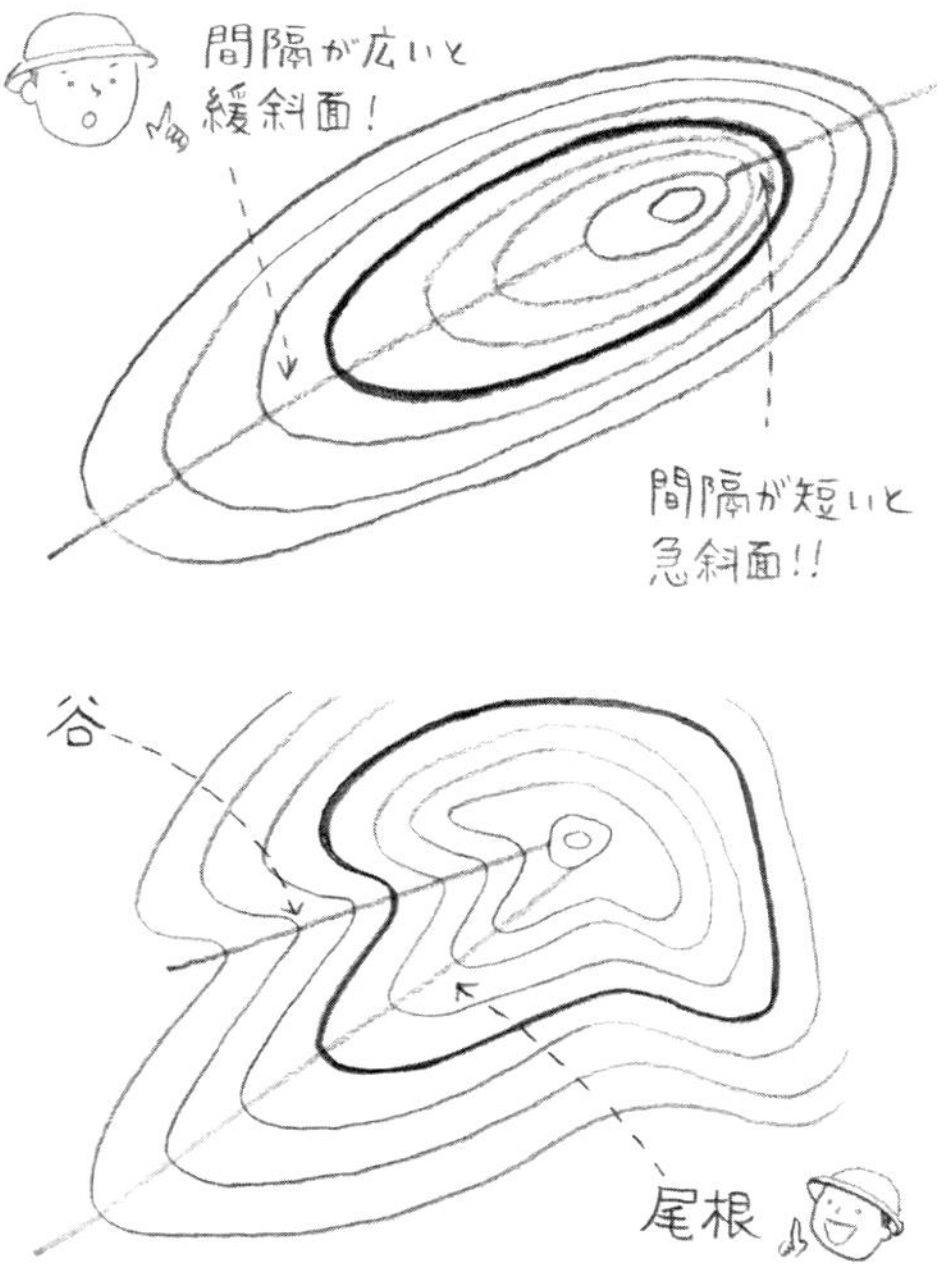

⑤地図記号

地図には地図記号があります。広葉樹林、針葉樹林、果樹園、竹林、畑、田、荒地などが地図上に記号で示されています。鳥を調べる場合、そこがどういう環境かを把握する必要がありますので、地形や植生に関する地図記号は覚えておいたほうがいいでしょう。覚えておくといい地図記号をご紹介します。

これらを念頭に、地図を見てその場所をイメージする練習をしてみてください。現地に行って実際の地形と地図を見比べながら覚えるのもいいですが、地図の情報だけでその風景をイメージし、そのイメージがどれくらい合っているかを現地に行って確認するほうが、より印象的に頭に残り、地図を読むスキルがより早く向上すると思います。

主な地図記号一覧(植生)

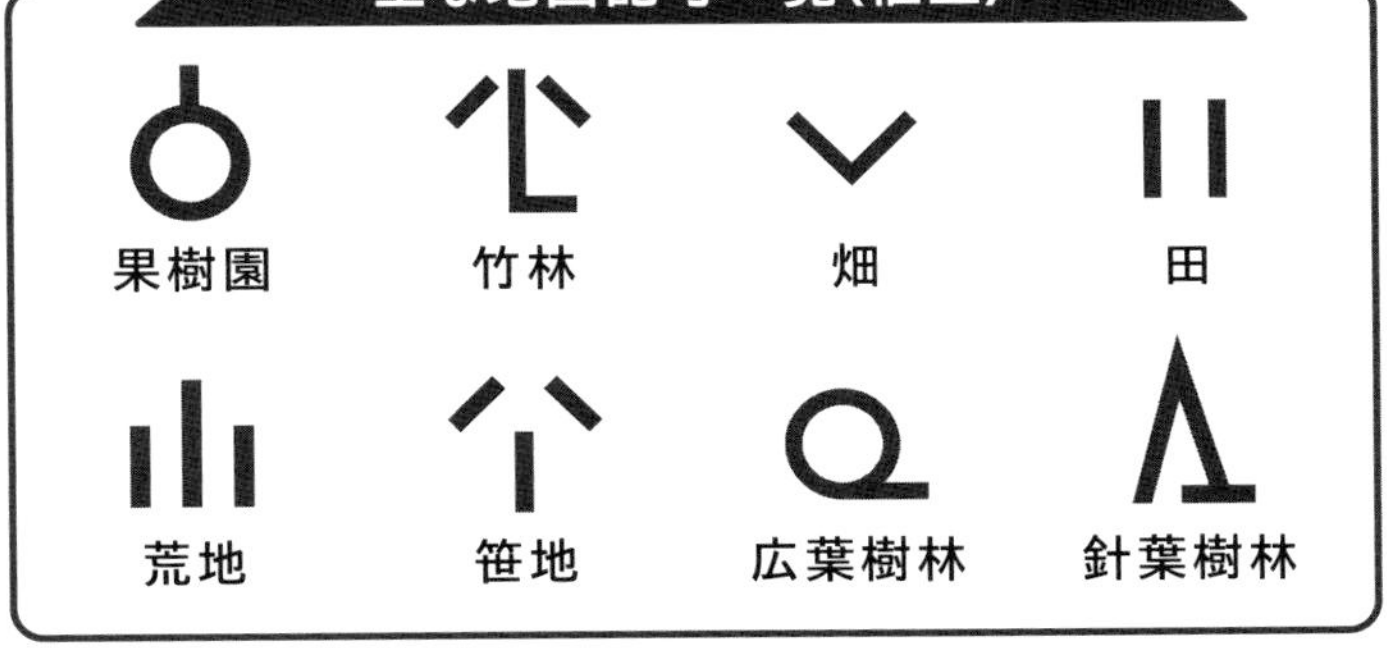

景色と地図を照らし合わせるトレーニング

北西から南東にかけて

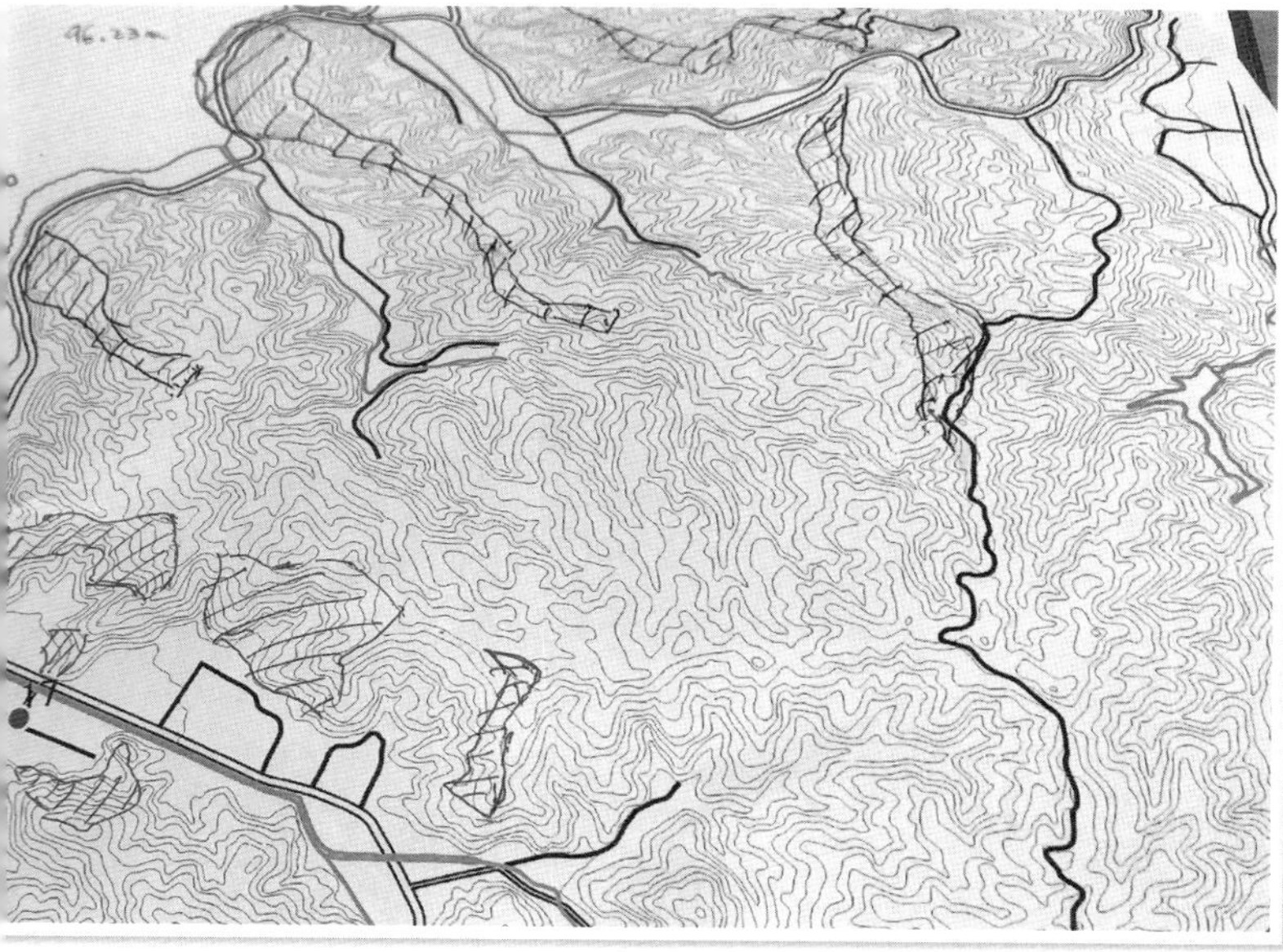

北西から南東にかけて

南東から北西にかけて

自分が立っている場所から360度、足元まで含めて見える場所を地図に書き込んでいきます。肉眼では尾根なのか谷なのかもわかりにくいかもしれませんので、双眼鏡を使うといいでしょう。目印になるピークや鉄塔、道路などを頼りに、確実にここは見えていてこの地図のここだ！という場所からおさえていくと、他の見えている場所を判断しやすくなるかもしれません。

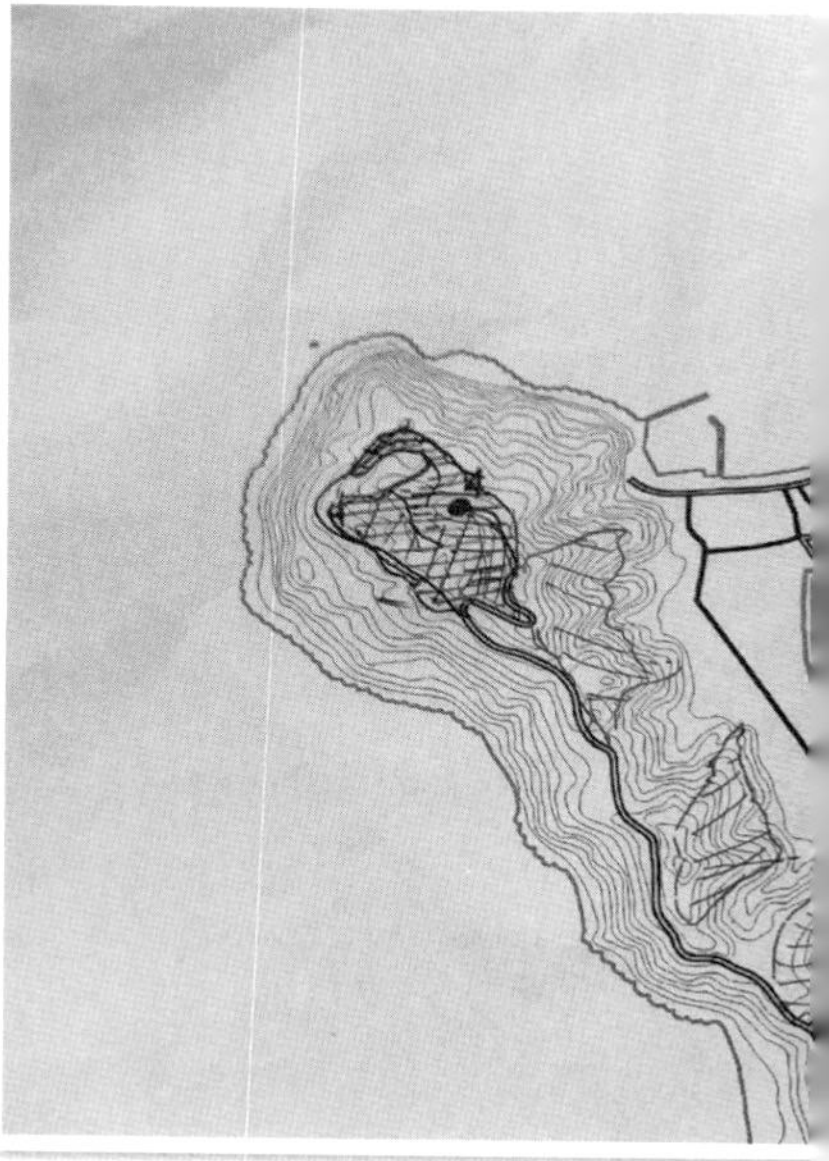

南東から北西にかけて

そしてもし可能であれば、実際に尾根を歩いてみましょう。ある場所から見えているピークや尾根、谷が地図のどこに該当するのかという予測が間違っていることもよくありますが、実際にその尾根を歩くことでその間違いを補正することができます。

例えば、目の前にそびえ立つ山のピークが実はピークではなく、尾根の途中だったということはよくあります。尾根の傾斜が途中から緩くなっている場所は下から見上げると見えないので、そこがピークと錯覚するのです。そういった間違いを補正してから地形と地図をもう一度見比べると、より地図の地形を理解することにつながるでしょう。また、現在はGoogle mapなどで衛星写真を見ることができますので、衛星写真と地図でイメージを深めるという方法もありだと思います。地図は奥が深いので興味がある方はさらに踏み込んで勉強してみてください。

地形や植生から推測する

地図が読めるようになると、鳥の生息状況も推測できるようになります。標高、植生、河川の有無など、そういった情報を総動員して地図を見ていると、ここはこんな鳥がいそうだなと想像できるようになるのです。

また、猛禽類の調査をしていると、地形と植生からこの辺りに巣があるのではないかなという想像もできるようになります。これらの推測もGoogle mapなどで見ることができる衛星写真と合わせて眺めていると、さらに想像がふくらみます。早く行って確かめたくなることでしょう。以前、新潟県の佐渡島にクマタカの調査に行った際、私が担当した場所でクマタカが出現しました。遠かったのですが、間違いはないと思っています。しかし宿に帰ってみると見たのは私だけ。そしてベテランのN氏からは「その地形は怪しいと思っていた」との発言。そういうことならベテランのN氏が行けばよかったのにと思いつつも後の祭りです。

結局クマタカはその一例で、佐渡島の記録としても正式なものはその一例だけとなっています。この記録については未だに自分を苦しめ、あのときの調査地の地形は忘れられないものとなっています。

ストリートビューの活用

Google map や Google Earth で世界中の衛星写真を見ることができるようになったとき、誰もが驚き、メディアや研究者がこぞって活用しました。今では当たり前のように衛星写真が活用され、テレビでもクイズ番組や場所の説明で頻繁に使われていますが、１９９０年代までは調査で上空から見た写真が必要であれば、飛行機で撮影した空中写真をたくさん購入していたものです。購入する空中写真の位置、年代を日本地図センターまで行って選んでいたのが懐かしく思えます。

そんなカルチャーショックは衛星写真だけで終わりませんでした。Google map にストリートビューという機能が追加されたのです。

ストリートビューは上空からではなく人間の視点で街並みや環境を見ることができます。まるでそこを歩いているかのように、景色を３６０度好きな角度で見ながら進むことができるのです。今では世界中の大陸から小さな島までストリートビューが行き届いており、その国の雰囲気を満喫することができます。

そのストリートビューは調査でも大活躍です。現地の様子、環境を事前に確認したり、現地から帰った後にどんな環境だったかを再確認したりすることもできます。どんな木があったか、太くて大きな木はあったか、暗い環境だったか明るい環境だったか。対象とする鳥が好む環境かどうかも予測できます。場合によっては調査対象の鳥が写っていたりすることもあります。上から見ていてはわからないことも人間の視点で見ることでたくさんの情報を得ることができます。現地での調査にぜひ活用してみてください。

いろいろな調査方法

鳥に限らず、調べるためには観察し、記録して、分析するという三つの過程があります。このどれが欠けても知りたいことを知ることはできないでしょう。そして最初の「観察する」は、知りたいことに合わせて方法は変わってきますし、その方法について正解は一つではないと思います。しかし、いろいろな方法の基礎になっている調査方法はありますので、誰でもできるものをいくつか紹介しましょう。

①ルートセンサス

ラインセンサスや定線調査とも呼ばれています。ある場所にどんな鳥がどれくらいいるのか、または環境変化による鳥類相の変化はどうかなど、その場所の基礎資料を得るためにいろいろな場面で使われる調査方法で、最も基本的な調査です。

まずルートを設定しますが、環境による違いを調べたいのであれば、単一の環境内にルートを置くのが理想です。距離は１・５㎞から２㎞ぐらいがちょうどいい長さだと思います。繁殖期、鳥は早朝の短い時間帯に活発に動くので、長すぎると時間がかかりすぎ、ルートの最初と最後で鳥の動きに差が出てしまいます。ルート内に複数の環境があり、それぞれの環境で違いを見たいのであれば、スタートとゴールを入れ替えて複数回調査するといいでしょう。

また、ルートを設定するときは、獣道のような細い道で低木などが周りを囲み視界を閉ざしているような場所は、鳥を発見するのも大変ですので候補からは外すのが無難です。その他、背丈の高い草地、藪や灌木の中をかきわけて進まないといけないような場所は、大きな音を立てながら進むことになるのでうるさいし鳥も逃げるしで鳥の調査には不向きです。調査のしやすい場所を選びましょう。

次に、通常ルートセンサスは「ルートから何mまでを対象とする」というように範囲（幅）を決めます。これは密度を出すためで、「距離×幅」が調査面積となり、その中に出現した個体数を面積で割って、haあたり何羽という表現をします。

通常この幅は片側25mでやります。50mだと森林では見えない距離なので25mが多いのですが、種をたくさん出したい場合は、出たものをすべて記録するか、50mにするという考え方もあります。この25mは感覚でやっているといい加減になりがちなので、地図上にルートとともに25mの位置にも線を引いておくといいと思います。また、いろいろな環境で25mの距離を測り、それを目で確認することで、体に覚えこませるのもいいと思います。

地図ができたら、次は何を記録するか考えます。まずは自分が知りたいことに必要な情報は最低限入れましょう。種名、個体数、何を確認したかは最低限必要ですね。何を確認したかは、通常、地鳴き（C）、さえずり（S）、目視（V）などと表現されます。加えて雌雄、年齢（成鳥、若鳥、幼鳥など）、行動（飛翔、採餌、休息など）、環境も記録しておくといいかと思います。

データは後で欲しいと思っても過去にさかのぼって取ることはできないので、取れるものは取っておくほうがいいと思います。とはいえ、欲張りすぎると記録に時間がかかり、鳥に注意を払う時間が少なくなって調査自体に影響が出ることもありますから、取るデータについてはしっかり検討してから始めてください。

最後に、確認した鳥を地図に記入するか、調査票に情報だけ記入するかを決めておきます。環境による違いでどこに多いかを示したい場合は、地図に鳥がいた場所を記録しておくほうがいいでしょう。ただし、視覚的にわかるようにする必要がなければ、鳥がいた位置を正確に把握するのは難しいので、調査票に記入するだけでもいいと思います。地図がしっかり読める、またはスマートフォンの地図アプリや登山用ＧＰＳで自分がいる場所を常に把握できるという場合をのぞけば、地図への位置の記録は誤った情報を残すことになりかねないので要注意です。

ちなみに地図に書き込んでおいて後で植生図を重ねるというのはＮＧです。ただでさえ位置情報が正確ではないのに、そこにおおざっぱな植生図を重ねてこの環境に多かったというような分析は信頼性がない情報となります。植生と比較したいのであれば調査票に記入するか、植生図が予め示されている地図に位置を書き込んでいくようにしましょう。

②スポットセンサス

定点調査とも言います。私は定点調査と言うほうが馴染み深いですが、ここではルートセンサスに対応してスポットセンサスとします。同じ場所に一定時間滞在し、出現した鳥類を記録するという方法です。この調査には、一日同じ場所で観察する場合と、一か所15分など短い時間滞在して場所を移動していく場合があります。

前者は猛禽類の調査で、後者は長い距離を効率的に調べなければならない河川の調査などでよく使われる方法で、ルートセンサスと同様にその場所の基礎資料を得るために広く用いられています。対象とする種や得たい情報によって記録する内容は変わってきますが、ここでは猛禽類を対象にしたスポットセンサスを例としてあげてみましょう。

通常、定点（観察をする場所）は一か所ではなく複数か所で行います。これは広範囲を飛び回る猛禽類の動きを複数の定点でカバーし合うためと、猛禽類が飛んでいた場所を正確に記録するためです。一般的に遠い場所を飛んでいた場合、方向はわかっても距離感がわからないので、一人だけで観察していたら正確な位置を記録することができません。しかし、複数か所で観察していれば、それぞれで観察した方向を記録することで、その線の交点が猛禽類の飛んでいた場所だと知ることができます。そのため、猛禽類の定点は複数か所に設置するのが理想です。

そして、定点は知りたい場所をできるだけ網羅できるように設置します。その際、定点ごとに地図に可視範囲を記録しておけば、カバーできている場所とカバーできていない場所がわかるので便利です。また、定点は上から見下ろすような場所ではなく、下から見上げるような場所に設置するといいでしょう。空をバックに飛んでいれば発見しやすいのですが、上からだと斜面や谷の中を飛んでいる個体を探すことになり、景色にまぎれて発見が難しいという問題があります。

次に定点で行うことを説明します。猛禽類がどこにいたかを記録する必要があるので、地図は必須です。地図には猛禽類が飛翔したルート（飛跡）や止まった位置、ディスプレイした場所、鳴き声がした場所など、いろいろな情報を書き込んでいきます。その情報を調査票とリンクさせるため、それぞれの情報に番号を付しておきましょう。調査票には飛跡番号、種名、雌雄年齢、時間、行動を記録します。また、自分が記録した飛跡が他の定点のどの飛跡と同じかわかるようにメモしておくことをおすすめします。

この調査は調査対象によっては一人でもできるし、汎用性の高い調査方法です。一人もいいですが、有志で集まって調べてみるといろいろなことがわかって楽しいと思います。ちなみに定点では二人で調査を行うのが理想です。記録していると周りを見ることができないからです。たくさん記録することがあると、見落としも多くなってきます。

近年は一人で行うのが普通となってきましたが、これから始めてみようと考えている人は、一定点二人体制を検討してみてください。長時間一か所で鳥を見るためには話し相手も必要です。

最後に、スポットセンサスでは無線機があると便利です。最近は携帯電話があるので、それを使えば会話が可能ですが、電波が届かない場所では携帯電話も使い物にならないし、何より電話をかけるには時間がかかるので、無線機が一番です。

以前は第四級アマチュア無線技士の免許を取って、アマチュア無線で連絡を取り合っていましたが、今は免許のいらない無線機でも離れすぎていなければ会話できるので持っているといいでしょう。

③テリトリーマッピング

ルートセンサスやスポットセンサスとは違い、一歩踏み込んで具体的なデータを取るための方法です。通常行動圏の狭い小鳥で用いられます。調査したい場所にルートを決め、そこを歩きながら調査するのはルートセンサスと同じですが、記録する内容が特殊です。まず、複数種を一度に対象として調べるのは大変ですし、技術や経験も必要なので、調査の対象は一種としましょう。

テリトリーマッピングは一回の調査では結論は出ないので、納得がいくまで繰り返して実施する必要がありま す。記録する内容は対象とする鳥がいた場所ですが、重要なのはさえずっていた場所です。ソングポストと表現しますが、その場所がテリトリーマッピングの肝になります。

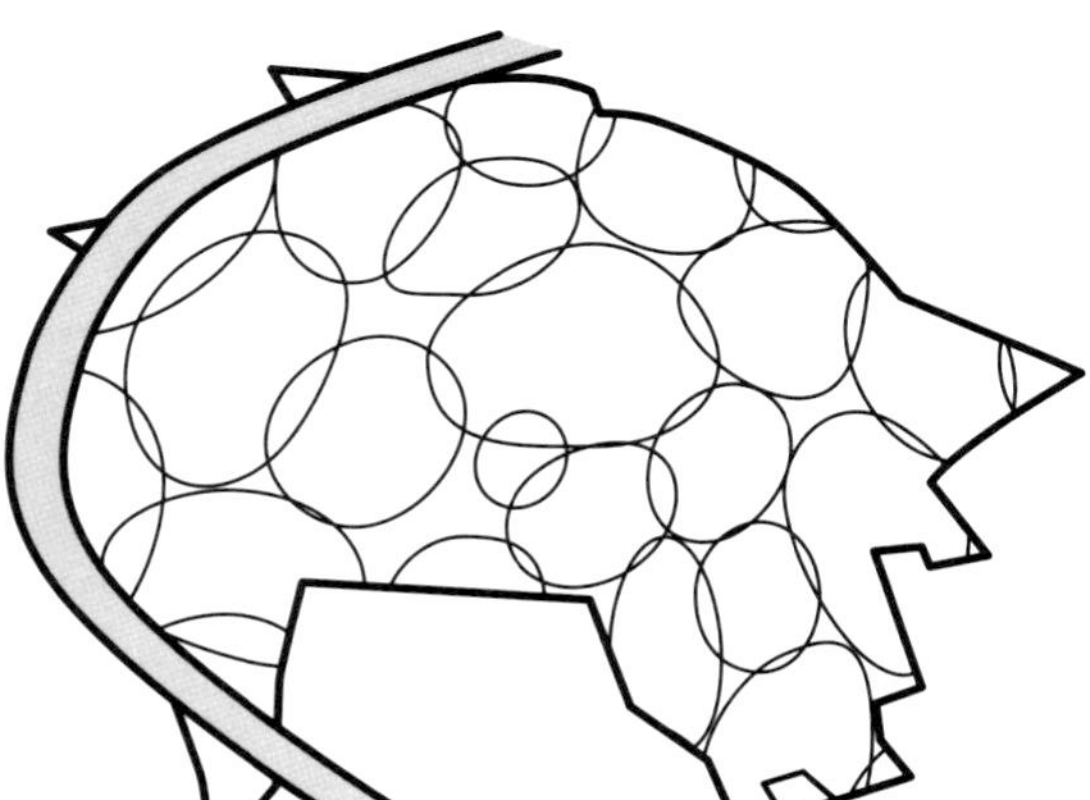

テリトリーマッピングの作図例。川内博・川内桂子（2014）「自然教育園におけるシジュウカラの繁殖期の個体数について（2013 年度）」自然教育園報告45：41－46より作図

次にそれぞれのソングポストが同じ個体によるものなのか、違う個体によるものなのかを意識しながら記録します。個体識別はなかなか難しいので、同時にさえずっている個体に狙いをつけましょう。同じルートを何度か歩いてソングポストの記録を繰り返していくと、ある個体とある個体のテリトリーの境界がぼんやりと見えてきます。個体同士が縄張り争いで喧嘩してくれれば一番いいですが、それがなくても何となくわかってきます。そしてそれらのソングポストの情報と、その他の目視による情報などを総括して、境界線を引いてみます。この個体とこの個体のテリトリーの境はここに違いないという感じで線を引くのです。調査対象とするルート上で観察した個体すべてにおいてこの境界線が引けると、テリトリーがわかるというわけです。

ただし、これは時間のかかる作業で、今回はルートという線上でのやり方を説明しましたが、理想は面でテリトリーを把握する必要があります。歩けない場所であれば仕方ないですが、例えば広い緑地のある公園など、散策路が縦横無尽に張り巡らされている場所で、シジュウカラやモズ相手に面でのテリトリーマッピングに挑戦すると楽しいと思います。時間と根気が必要な調査ですが、これによって得られた情報はとてもわかりやすく、地図のように可視化して示せるので、モニタリングとして10年後、20年後と変化を見ていくには有効な手段です。

④統計を取る

皆さんが疑問に思ったことを調べたいと思ったとき、まず仮説を立てることは前述しましたが、その仮説を証明するためには統計を取るのがオーソドックスな進め方でしょう。IV章「フィールドに出かけよう」では「テーマを持って出かけよう」と題してお話ししましたが、その延長線上と思ってください。

回数	潜水時間(秒)
1回目	19.85
2回目	17.46
3回目	20.07
4回目	19.58
5回目	21.56
6回目	14.03
7回目	12.85
8回目	17.13
9回目	20.06
10回目	18.56
11回目	16.80
12回目	16.49
13回目	14.32
14回目	27.66
15回目	12.19
16回目	22.45
17回目	17.13
18回目	10.95
19回目	13.38
20回目	10.13
平均	17.13

カイツブリの潜水時間

例えばフィールドを歩いていて、池にカイツブリがいたとします。カイツブリはけっこう長い時間水に潜って餌を探しています。そこであなたは「どれくらいの時間潜っていられるんだろう?」と疑問に思ったとします。それを確かめるために観察し時間を測ります。私も実際に20例ほど時間を測ってみて結果は表のようになりました。平均は17・1秒です。そこであなたは、「他の池ではどうなんだろう?」、「個体による違いは？」、「環境が変わるとどうなんだろう？」といった新たな疑問が生まれます。それに対し、「個体によって長時間潜れる個体とそうでない個体がいるはず」、「流れのある場所では体力を使うので潜っている時間はもっと短いだろう」、「深い場所と浅い場所で違いはあるのか？」、「寒くなると魚が深場に行くはずだから季節による違いが出るのでは？」といった仮説を立てるわけです。

これらを検証するには、同じ池で他のカイツブリが潜っている時間を同じ例数測ってみたり、水深や季節、水温など条件が異なる状況で調べてみたり、河川に行ってカイツブリを探し、潜っている時間をやはり同じ例数測ってみたりすることが必要になってきます。さらに踏み込めば、そこに生息する餌動物の違いなども気になってくるでしょう。そして得られたデータを比較して、自分の仮説が当たっているかどうかを確認するのです。ここまでは誰でも簡単にできますね。

疑問に思ったことに仮説を立て、それを証明するために調べてみる。ただ、その数字が自分の考えていた仮説に当てはまるかどうか、自分では判断できないようなとき、もう一歩踏み込むこともできます。検定をして有意差を出すという作業が最後に残されているからです。本来そこまでしたほうがいいのですが、これを読んでいる皆さんにはその手前までで十分楽しめると思いますし、自分の疑問を解決できる十分な情報を得ることができると思います。しかし、もし自分が調べた結果を論文で発表したいという気持ちになったら、検定は必要になりますので、詳しい方に聞きながら進めてみてください。

いくつか調査方法について紹介しましたが、実際の調査ではその場所や環境、目的に合わせてやり方も変わります。知りたいことがあってそれを知るためには何をすればいいのか試行錯誤してみてください。

ここであげた基本的な調査方法がベストかもしれませんし、それだけだと知りたいことを知るための情報が十分に得られないと思えば、プラスアルファを付け加えるか、いくつかの調査を組み合わせるか、はたまたオリジナルな方法を試すことにもなるかもしれません。ただし、オリジナルな方法というのは諸刃の剣で、それで狙ったデータが取れるかはやってみないとわからないというケースもあります。

新しく調査を始めた場合、どんなに準備万端で行っても、微調整や方向修正などによって初期に取ったデータは使えず切り捨てる場合が多いのが現実です。オリジナルな調査方法はそのリスクを高めることにもなりかねません。とはいえ、どうしたらいいのか考えることは楽しいものです。どうやったら自分が知りたいことを知ることができるか、楽しみながら模索してみましょう。

ゴールをイメージする

皆さんがこれから鳥を調べてみようと思ったときに、大きく分けて二つの考え方があると思います。一つは、どんなことがわかるかは知らないけれどもデータを取ってみようという場合と、はっきりとゴールをイメージしてから始める場合です。ケースバイケースですが、知りたいと思って何かを調べるのであれば、ゴールをイメージすることがとても重要になると思います。

先に出てきた仮説もこれに深く関係します。最終的に何を出したいのかをはっきりとイメージすることで、それに必要な調査は何かという思考が働きます。こういう調査をすればこんなことがわかるはずだから、その情報があれば知りたいこともわかるだろうといった感じです。もしかしたら一つの調査で終わらず、違う調査も必要になるかもしれません。ゴールをはっきりイメージせずに進めていると、「とりあえずデータを取ってみたけどこれではよくわからないなぁ」と行き詰まってしまうことがよくあります。

ゴールを明確にし、そこにたどり着くためにはどうしたらいいか、ゴールまでの道筋をはっきりイメージしてください。それができていれば調べている途中で間違った方向に行きそうになってもすぐに方向修正でき、取れるデータが予想とは違っていてこれでは不十分と思えば補足の調査もすぐに始められます。また、しっかりとゴールをイメージできていれば、その調査は何のためにやっているのかという点がぶれることもないと思います。ただ、気をつけないといけないのは、自分の思い描く結果に近づけようとその結果に誘導してしまうことです。

ゴールまでの道筋をイメージするのは大切ですが、それはあくまで効率的に調査を行うための手段であって、自分が考えた結果になるように誘導するためのものではありません。自分にとって都合の良い解釈をしないよう、その結果が持つ意味をあらゆる角度から考えてみましょう。

野鳥を追跡する

鳥は国境を越えて移動します。どこを通って移動していくのか、自分で飛んでいる鳥を追いかけて確認することはできません。そこで考えられたのが、衛星を使って追跡するという方法です。

一番よく使われているのはArgos衛星で、鳥に装着したGPSタグに位置情報のデータが入ると、GPSタグはArgos衛星に向けて位置情報を発信します。その情報を受け取ったArgos衛星は、基地局を通して私たちにデータを転送してくれるのです。これによりリアルタイムに近い位置情報が定期的に届くことになります。

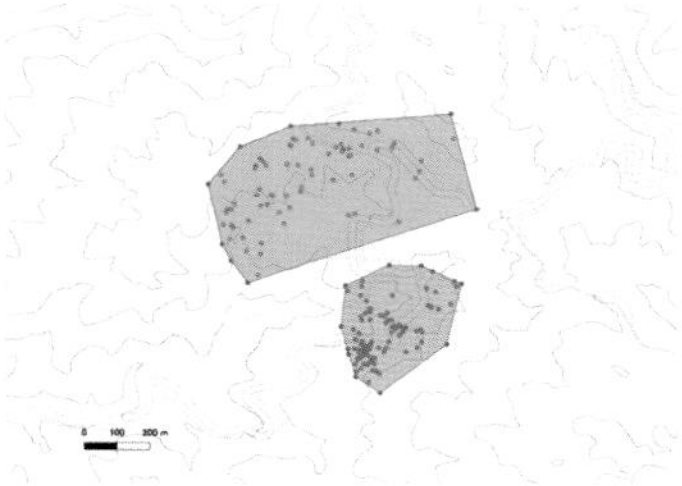

オーストンオオアカゲラに装着した
Argos GPSの結果(JSPB)

GPSタグを付けたオオアカゲラ(JSPB)

ただ、このGPSタグは大きいので、小鳥には装着することができません。今後さらに小さく軽くなるかもしれませんが、Lotek社製のSunbird Solar Argos Transmitterで2gなので、鳥の体重4%を基準にすると50g以上の鳥にしか装着できません。50gというとコアジサシやシメで個体によってはなんとか装着できる重さです。

そもそも昔はここまで小型化されておらず、もっと大きい鳥にしか装着できませんでした。そして小鳥を追跡できないという問題を解決したのがジオロケーターです。軽いものでは、Migrate Technology社製のW30Z11—DIPで0・32gというものもあります。体重の4%を基準にすれば8gの鳥、より厳しく3%を基準にしても10gの鳥に装着することができます。8gといえばエナガぐらいです。日本の鳥ならほとんどの鳥に付けられるでしょう。

このジオロケーターは時刻、光量、温度、ドライかウェットかなどを記録してくれますが、位置情報を得るのに必要なのは時刻と光量です。Migrate Technology社製のものでは5分間隔で時刻と光量を記録してくれますが、それを24時間単位でグラフにすることができます。日の出から光量が大きくなって日の

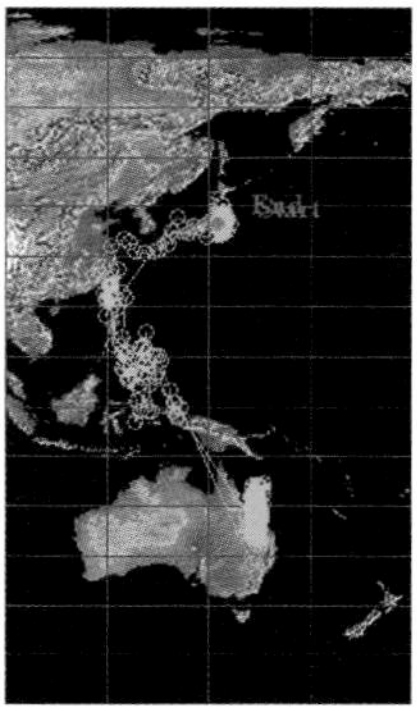
ジオロケーター（Lotek社）の結果（JSPB）

入りにかけて光量が落ちていくのがわかると思います。

このデータに、光量がどれくらいのときが日の出と日の入りだという情報を与えると、毎日の日の出時刻と日の入り時刻が出てくることになります。日の出日の入り時刻は世界中で異なりますから、何月何日に日の出日の入り時刻がこの時刻なら、緯度経度はここだという計算ができるわけです。ただし、山や建物に囲まれている場所、曇っている日や水平線上に雲がある場合は、この分析結果が狂ってきます。その排除すべきエラーデータをグラフの状態から判断して取りのぞくのが必須となりますが、取りのぞけたとしても誤差が200～300kmは出ることを承知しておかなければなりません。

地球という単位で考えれば200～300kmなんて誤差の範囲ですが、例えばある鳥の国内移動を調べたくても、300

ジオロケーターを装着したコアジサシ(JSPB)

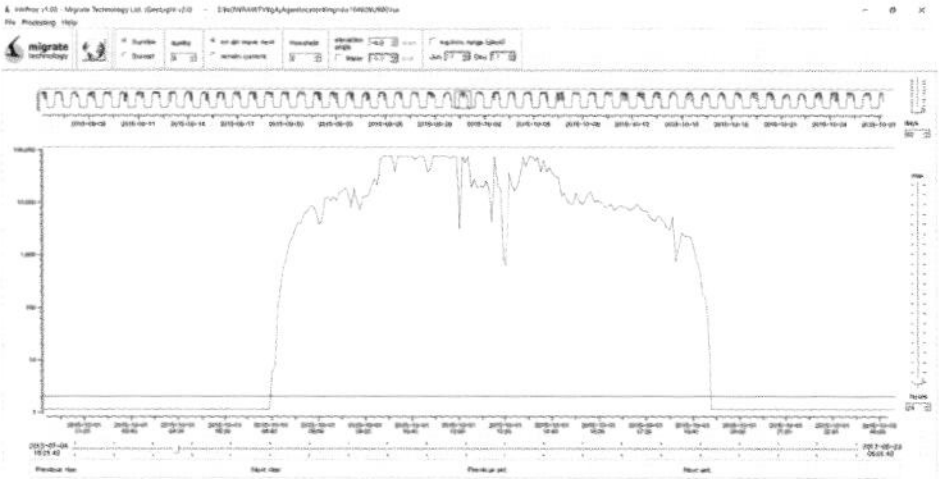

ジオロケーター図(Migrate Technology)

kmというと東京—名古屋間ですから、それだけ誤差があると調べたいことを調べることはできません。また、秋分、春分の日の前後は昼と夜の時刻が同じになるのでシステム上計算できず、渡りの大事な時期はデータが取れないという問題も出てきます。

こうしたなか、日本鳥類保護連盟ではコアジサシにジオロケーターを装着し、渡りルートを解明することに成功しました。ただ、これだと越冬地や中継地がピンポイントでわからないので、保全すべき場所がどこかを把握することができません。そこで、新たに販売された軽量のGPSタグを使うことにしました。これは誤差20m程度の精度を持ち、重さも1gを切るものも出てきている優れものですが、位置データを蓄積することしかできないので、Argos GPSタグのように衛星に情報を飛ばすことは不可能です。そのため装着した次の年に、装着した個体を再捕獲してGPSタグを回収し、データをダウンロードしなければいけないのです。それでも回収できれば、鳥たちがどこをどのように渡っていったのかを、正確に知ることが可能になります。

これらの技術の進化は、やはりバッテリーの性能が向上したことなしでは語れません。より小さく軽く、そして容量を大きくといったバッテリーの開発が技術の進化を支えています。一時期ICタグ・RFタグの開発が進み、バッテリーも飛躍的に小さくなりましたが、日常で必要とするサイズまでは十分小さくなり、さらには交通系IC

カードなど、バッテリーなしで作動するものも開発され、バッテリーのこれ以上の小型化は需要が少なくなりました。鳥の調査のためだけに開発するには採算がとれないので、あまり期待はできないですが、今後も技術開発は進んでいくでしょうから、どのようなものが出てくるのか楽しみです。

鳥類標識調査

鳥の渡りを調べるために、ＧＰＳタグやジオロケーターが普及する前から使われている方法に、鳥に標識するという方法があります。

鳥にシリアル番号が刻印された足環や首輪を装着するというもので、装着した個体が他の場所で捕まると、他国であってもその情報が共有され、どこから来たのかがわかるというシステムです。装着した日から換算して寿命に関する情報も得ることができます。日本では山階鳥類研究所が

カスミ網にからまったカワラヒワ

管理しており、環境省のシリアル番号が刻印されたリングを装着し放鳥しています。

　装着するには鳥を捕獲しなければいけないので、山階鳥類研究所またはボランティア調査員が調査できる人を養成しています。調査員は鳥類標識調査者（バンダー）と呼ばれ、ライセンスが発行されます。鳥類標識調査（バンディング）を勉強し、晴れてバンダーになれるまで、数年は修業が必要です。私もバンダーの一人で、これまでいろいろな鳥に足環を装着してきました。今は年間の捕獲数も多くないので、調査の役に立っているかどうか怪しいところで申し訳ありませんが、この調査を長くやっていると、楽しいこともたくさんあります。

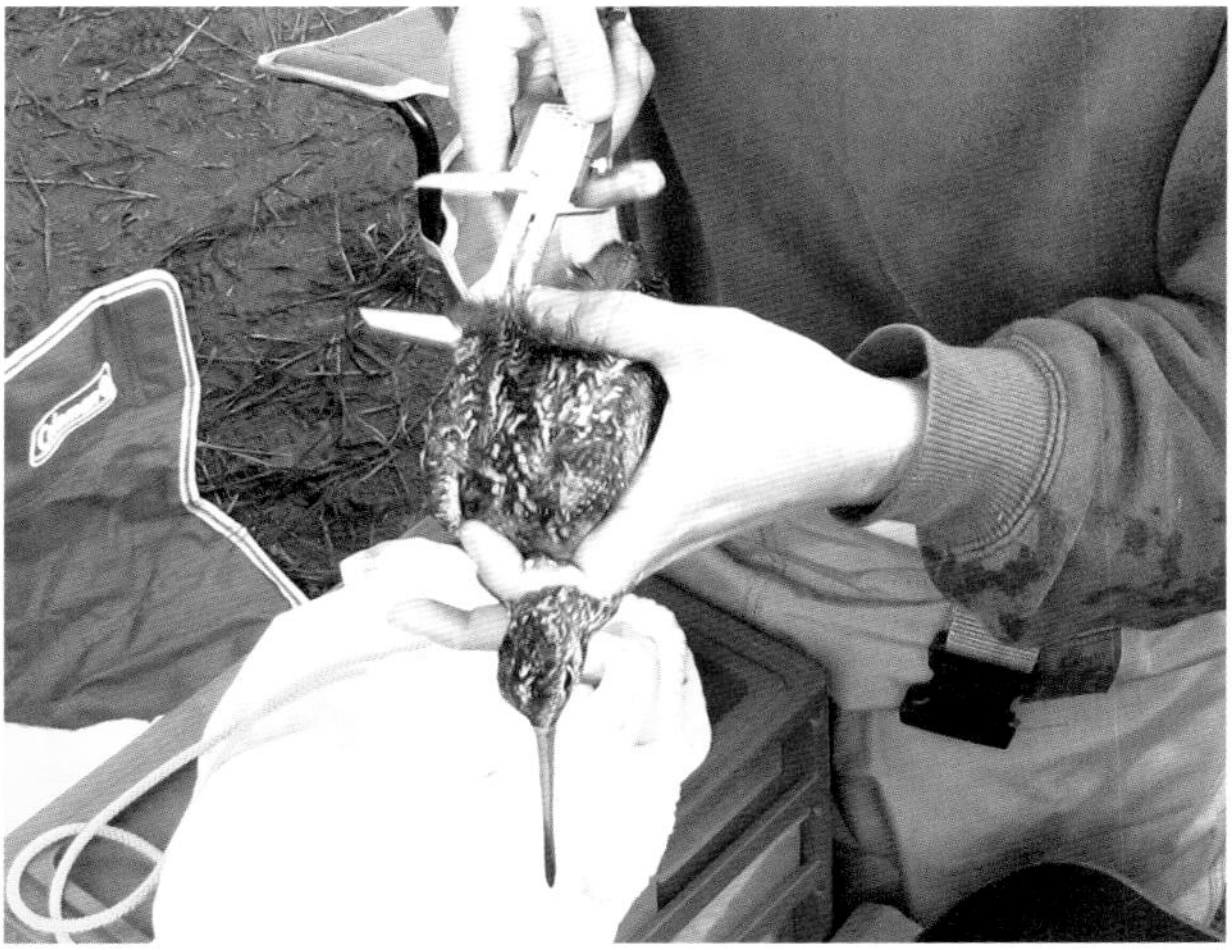
捕獲したアオシギを計測

私は神奈川県で実施していますが、北海道経由のアオジが何度か捕まったことがありますし、タカサゴクロサギのような珍鳥を丹沢山麓で捕獲したこともありました。コアジサシの調査でリトアニアに行っていた際には、コアジサシを捕獲してみると、すでに足環が装着されており、そこにはスペインのマドリードの刻印が！これには歓喜、興奮し、しばらくその話題で盛り上がりました。このスペインで標識されたコアジサシの回収記録はリトアニアで初の回収記録となるとともに、スペインでの放鳥場所がジオロケーターによって得られた移動経路の途中に該当していたこともわかり、重要なデータとなったという経験もあります。

GPSタグなど最新の技術も大事ですが、やはりこうした地道な調査も並行して進めていくことで、鳥の生態解明に大きく貢献できるのだと思います。

標識したタカサゴクロサギ

ドローンを使う

近年、技術開発が飛躍的に進んでいるなかで、最も有用なものの一つがこのドローンだと思います。今は登録制で、今後扱うためにライセンスが必須になるかもしれませんが、それでも手軽に用いることができる機械であり、調査に有効であることに間違いはありません。

このドローンが普及してから、さまざまな調査が行われてきました。上空からカモをカウントしてみるとか、ヨシ原を飛行させてチュウヒの営巣を確認するなど、用途は発想次第でいろいろ考えられます。私も猛禽類の巣の中を営巣後に記録したり、鳥

ドローンで撮影したコアジサシの越冬環境(オーストラリア)

の生息環境を上から撮ったりと、さまざまな使い方をして重宝しています。オーストラリアやリトアニアでもコアジサシの生息地を調査する際に使用し、良いデータを得ることができました。

このようにかなり重宝される機械ではありますが、やはり使用することによる影響もいろいろありそうです。例えば上空からカモをカウントしてみようと思っても、接近しただけでカモが逃げ出すことがあるそうです。私もオーストラリアで環境を撮影しようとドローンを上げた瞬間、数百m離れた場所で採餌していたシギ・チドリ類がいっせいに飛び上がりモビング（追い払う行動）してきたときは驚きました。手軽に使えるものではありますが、鳥への影響を理解してから使えるよう、十分な知識と技術が必要だと考えています。

マイドローン

いないという情報の重要性

鳥の調査をやっているなかで一番おもしろくないのは鳥が出ないことでしょう。そのため、鳥の調査に行っても鳥が出ないとモチベーションも集中力も下がります。

しかし、いないという情報はとても重要です。例えばある地域において集団でねぐらをとる鳥の個体数を調べたかったとします。その際、ねぐらの候補地が複数あるなら、それらをすべて同時に調べ、あそこのねぐらにはいなかったという情報を得ないと、いたところだけデータを取っても全体の個体数は把握できません。

分布も同じで、いるとわかっている場所だけ調査しても発展はなく、いないという場所の情報を増やしていくことで、いる場所の情報の価値が変わってくるのです。ただ、いないということを証明することは難しく、観察していて一度でも見かければいたという証明になりますが、見られなかったことがいないという証明にはならないので、どれだけやればいないと判断できるのかという問題もあります。

環境的にいないはずはないのにというような場所では、特に終わりを決めるのが難しいですね。鳥が見たいという人にとっては、いないという情報を集めるのはある意味つらい作業ですが、鳥を調べていく際にはとても重要な情報になるということも覚えておいてください。

どれだけやればいいのか

鳥の調査をやるなかで、調査量にはいつも悩まされます。どれだけ調査をやればいいのかということです。先ほどはいないという情報を得るためにどれだけやるのかという話もしました。仕事として受け、内容が指示されていれば、指示されたことをやればいいのですが、自分で判断しなければならないときが困ります。

調査に限らず野鳥観察でもそうですが、例えばその日は見たい鳥が見つからず、あの曲がり角まで行って引き返そうと思ったとします。でもその曲がり角まで来ても鳥が見つからないと、引き返すことに不安を覚えます。もしかしたら次の曲がり角まで行けばいるかもしれないと思ってしまうのです。そういう場合、引き返すと決めても後ろ髪を引かれる思いで引き返すことになります。

また、調査量の問題は回数でも悩みます。この調査を何回やればデータとして有効な情報が得られるのか。たくさんやればやるほどいいということもありますが、自然相手のルートセンサスのような調査だと、年による変動もあり、同じ日でも出現状況が変わるので、たくさんあるデータの傾向がそれぞれ違っていることについて、言い訳のような説明ばかりすることになる場合もあります。例えば同じルートを往復でデータを取ってより充実した内容にしたいと思ったとします。しかし、重複したデータを取りのぞくのにその人の主観が入ってきてしまうと、より正確なデータを取るつもりが調査者のさじ加減一つで変わるようなデータになったりすることもあります。

統計的なデータを取る調査であればやればやるほど正確な情報に近づいていくのですが、それもどこまでやればいいのかで悩みます。私たちには集中力というやっかいなものがあり、どこかで集中力が切れると、とたんに注意力が散漫になってきます。暑い日や寒い日など条件が厳しいと特にそうなりやすいのです。そうなると調査の質が落ちてしまいます。鳥を調べることに興味を持ち始めたばかりの人は、集中力の持続は大きな壁かもしれません。

しかし、あまり悩まず楽しむことに重点を置いてやってほしいと思います。野鳥を調べることで鳥を見ることが嫌になるなんてことは避けたいですね。

調査太りに注意

鳥の調査をやっていると太るという話をよく聞きます。調査者同士の会話の中で「あるある」のネタでもよく登場します。私も実体験はたくさんあります。例えばスポットセンサスで一日外にいたとしましょう。今日は頑張ったからこれぐらい食べてもいいかと思っていつもより余計に食べてしまうことがよくあります。お酒もそうで、こんなに頑張ったのだから今日ぐらいいいかと多めに飲んでしまいます。

でもよく思い返してみてください。本当にそんなに運動しましたか？ 外に1日いたので、紫外線も浴び、風にもさらされ、確かに疲れてはいるのですが、動いてはいない場合が多いのです。さらには普段は間食などしないのに、調査中に鳥が出ないと手持ち無沙汰になって、間食に走ってしまうことがあります。

こんなことを繰り返していると、結果的に太ってしまうという怖い現象が起きます。不思議ではなく必然なのです。そうならないように運動量を自己分析し、自分をコントロールする意志の強さが必要になりますが、なかなか難しいのが人間の性。今日ぐらいいいかとか、今日は良い成果があったから祝杯だと言って摂取量が増えていくのです。皆さんもご注意ください。

調査者の今昔

日本に限ったことではないと思いますが、自然環境や動植物に携わる仕事がしたいと思ったとき、研究職や博物館の学芸員、自然保護団体の職員など、その椅子はほんのわずかで、そこに就ける人は希望者の一握りといったところでしょう。そこがダメで調査会社に入社する人も多いと思いますが、最近は正職員を採用せずにアルバイトや非常勤職員で対応する会社が多いので、調査会社であっても狭き門という点は否めません。

そのなかで、フリーの調査員という人がたくさんいて、日本全国を渡り歩いています。今の調査関係の現場はこのフリーの調査員に支えられていると言っても過言ではないでしょう。鳥の分野も同様で、識別に関する知識やフィールドでの装備はすごいものがあります。職について日々業務をこなす人たちよりも、毎日が現場で、いろいろなことを体験し身につけている、いわば本当の意味での調査のプロフェッショナルです。

そういう人たちから教わることも多いですが、観察の装備についてはとても真似できるものではありません。何十万もする望遠鏡を2台並べて双眼鏡のようにしているのはよくある話で、そこに双眼鏡やビデオカメラを付け足して、それぞれの視界がシンクロするようにセットしている人もいます。

しかし、そんなプロフェッショナルな人たちも、猛禽類調査に特化した人が多く、一般鳥類のルートセンサスはやったことがない、できないという人が多いのが現状です。この背景には、高速道路建設などで猛禽類調査が各地で行われるなか、バブル時代には高給でも猛禽類調査員が引く手あまたで必要とされていたことが関係しています。そのころはとにかく猛禽類が識別できればよかったので、フリーの調査員は猛禽類に特化した人が増えました。

また、調査員の需要としてもルートセンサスのような一般鳥類を調べる仕事は少なく、猛禽類調査員の需要のほうが圧倒的に多かったので、一般鳥類の調査ができなくても問題なかったということもあるでしょう。そのため、もし鳥類調査を生業にするのであれば、一般鳥類調査もできるというのは今後強みになりそうです。

罪悪感がなくならないように

私たちが野鳥を調べる場合、観察をするので、鳥に何かしら影響を与えていることが少なくありません。鳥を捕獲するような調査であればなおさらです。

野鳥の調査に限らず、野鳥観察を始めたばかりのころは、野鳥に影響が出そうなケースに遭遇したときは少なからず罪悪感があったはずです。しかし、それが何度か繰り返されていくうちに、影響があったとしてもその感覚が麻痺して罪悪感が薄れてしまうことが多々あります。慣れというものです。これが鳥の調査だと顕著で、野鳥を調べているという大義名分があると、悪影響の可能性に対する罪悪感も薄れやすいのです。

私はいつも自分に「初心忘るべからず」と戒めるようにしています。野鳥をもっと見たいという欲求との戦いでもありますが、野鳥の立場に立って考えてあげられる人であり続けてほしいと思います。

VI章

フィールドサインを楽しもう

フィールドサインとは？

フィールドサインとは動物たちが残した痕跡です。動物が餌を食べた跡、足跡、糞など、フィールドサインは海外でも人気があり、いろいろな書籍も出ています。姿は見えないけれどもそこにいた証拠が自然の中に残されているのです。

日本人も農耕が伝わる前の遠い昔は狩猟民族だったはずです。こういうものを見てワクワクするのは狩猟民族の血が流れているからだといつも思っています。動物たちが残した贈り物を見て、ハンターか探偵になった気分で思いをめぐらせてみてください。自然の中で鳥が実際に見られなくても、フィールドサインでいろいろ想像することも楽しいです。

鳥のフィールドサイン

鳥のフィールドサインには何があるでしょうか。まず私が真っ先に思い浮かべるのは羽根ですね。鳥だけが持つ構造物です。次に糞、足跡、食痕、古巣やペリットも鳥が残すフィールドサインです。それぞれどんなものか見ていきましょう。

羽根

羽根は羽軸《うじく》と羽枝《うし》、小羽枝《しょううし》の三つの構造からできている鳥だけが持つ構造物です。鳥は大型の種をのぞけば、だいたい1年に一回全身の羽根を生え変わらせます。古くなった羽根を新しい羽根に変えるのです。これを換羽と言います。鳥は何も豊かな自然の中だけにいるものではありません。私たちの家の周りでもスズメやハシブトガラス、キジバト、ヒヨドリなどは見られると思います。つまり、羽根はどこにでも落ちていて拾うことができるフィールドサインの一つです。

また、フィールドサインの中でも種の違いがわかりやすいので、鳥の存在を知るために最も有効なものとなります。そのためには羽根から種を識別しなければいけませんが、それはこの章の後半で説明いたします。

糞《ふん》

鳥の糞はとても特徴的です。他の動物と違って白い尿酸を含むので、すぐに鳥のものだとわかります。糞にもいろいろあって、水分の多い糞や固形の糞、形に特徴のあるものもあります。形に特徴があるものとしてはキジの仲間やハトの仲間があげられます。キジの仲間はペレットのような形をしていますし、ハトの仲間はとぐろを巻いているものが見られます。

また、同じ種でも水分の多いものを食べているのかそうでないかで糞の質は変わります。普段虫な

スズメのねぐらの下の糞と羽根

どを食べているときのヒヨドリは固い糞をしますが、果物を食べているときはゼリー状の糞をするのです。

足跡

干潟や河川の岸辺、水たまりがある場所などは鳥の足跡がけっこう残っていて、見ていると楽しくなります。足跡は固い場所には残らないので、見つけることができる場所は限定されますが、逆に残っていそうな場所を見つけたら注意してみてください。

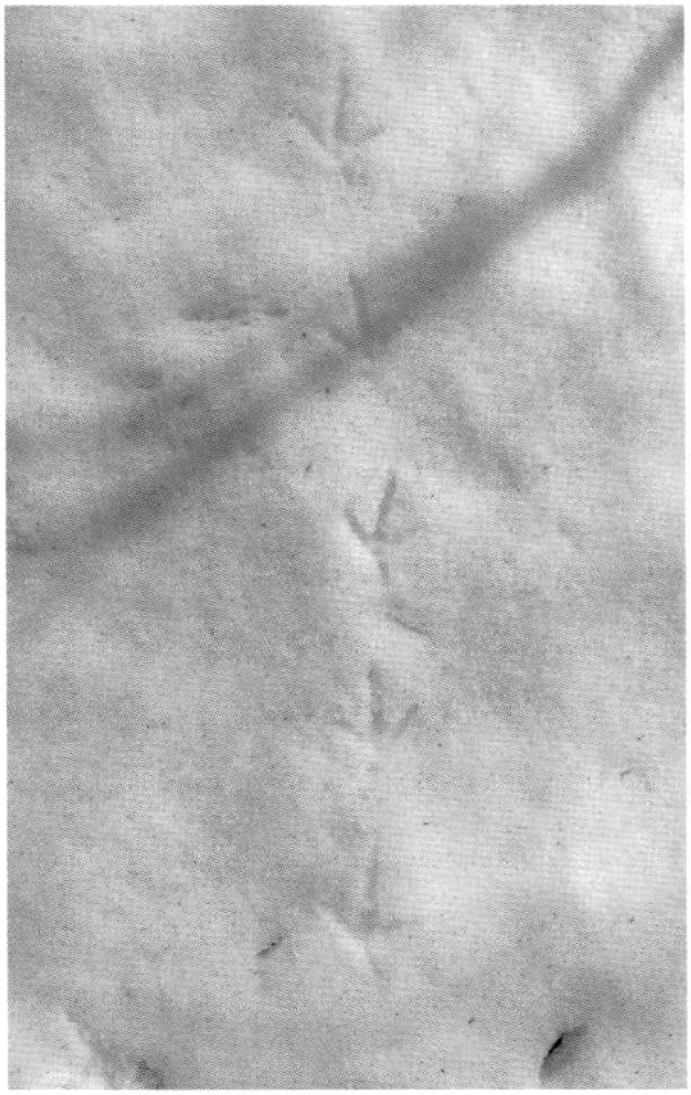
ヤマドリの足跡

ヤマドリの糞

液状の糞

大きい足跡から小さい足跡までいろいろで、縦横無尽に歩き回っているものもいれば比較的まっすぐ歩いているものもいます。ここを鳥が歩いていたんだな、右から左に行ってその後はどこに行ったんだろう? などと、そこにいたはずの鳥を想像すると楽しいものです。

食痕

漠然と自然を見ていたらわかりませんが、よく見るといろいろな場所に動物の食べ跡があります。私たちはこれを食痕と呼んでいます。リスがマツの実を食べた跡やシカやウサギが草を食べた跡、スギの皮がはがされた跡も食痕です。

ただ、鳥の食痕となるとかなり限定されます。キツツキが餌を探して突いた跡はわかりやすくていいですね。北海道ではクマゲラが長方形の掘跡を残しますが、オオアカゲラも同様の掘跡を残します。オオアカゲラはクチバシの先端が尖っておらずノミのようになっているので、尖っているアカゲラやアオ

オオアカゲラ食痕

ゲラとは木の崩し方が異なるようです。このような違いも食痕をよく観察するとわかってきておもしろいですよ！

その他の食痕を考えてみると、木の実も虫も、餌となるものは飲み込んでしまう場合が多いので痕跡として残りにくいかもしれません。猛禽類が周辺に生息していれば、猛禽類が獲物を捕獲した後、むしった羽根が散乱したような場所が見つかることもあります。個人的にはこれを見つけると歓喜します。哺乳類による捕食跡もよく似ているので、どちらか判断に困ることもありますが、そんなときは羽根の根元、羽軸の基部が残っているかどうか、ビークマーク（クチバシによる捕食跡）と呼ばれる跡がないか、骨まで残っていればかみ砕かれていないかなどに注意して見てみましょう。

あと、モズは「はやにえ」と呼ばれるものを作ります。捕食した餌を木の枝などに刺しておくのです。保存食として、または縄張りを主張するものとして作られると言われています。

モズのはやにえ

古巣

鳥の巣は、繁殖している最中はなかなか見つけることができません。鳥も賢いので人間も含め外敵が気づきにくい場所に巣を作ります。鳥の繁殖が終わってしばらく経ち、季節が寒い冬に変わるころ、木々が落葉して初めて気づくことが多いのです。人がいつも通る場所で、こんなところで繁殖していたんだと驚くことも少なくありません。そんな驚きを楽しめるのもこの古巣のいいところです。

ただし、普通見つかるのはお皿状の巣を作るタイプで、樹洞や建築物の穴に巣を作る種は当然ながら季節が変わっても気づくことはありません。この古巣も、よく観察するととても興味深いものです。

外側の外装と、卵を抱きヒナを育てる内装は、使っている巣材が違います。外装よりも内装はとても細かい巣材を使っていることが多く、カワラヒワなど、内装に羽根を使う種もいます。猛禽類やカラスなどの捕食者側の鳥と違って、襲われる側の鳥は

オオルリの古巣

一度使った巣を次の年も使うことは普通ありません。通常は違う場所に新たに巣を作ります。彼らにとって巣は一か所に留まらなければいけない危険な場所であり、ヒナの声や匂いなどが外敵を呼び寄せるので、早く離れたい場所でもあり、使い捨ての意識が強いのではないかと思います。

そんなわけで、冬に見つけた古巣は鳥のことを気にせず観察しても大丈夫です。ただ、ダニなどの不快生物がいる可能性もありますし、クモ類の越冬場所になっていることが多いので取り扱いには十分注意してください。

ペリット

昆虫や魚類を食べる鳥や、動物を捕食する猛禽類は、食べて消化できないものをまとめて塊で吐き出します。これをペリットと言います。ヒタキ類だと昆虫の翅や脚などが塊で吐き出されますし、コアジサシやカワセミだと魚の骨が塊となったものを吐き出します。ただ、これらの種については、ペリット

ペリット

自体がとても小さいこと、カワセミにいたっては水の中に落ちたり、石の上に落ちてもすぐ崩れて風で飛ばされたりしてしまうので、見つけることは困難です。

見つけやすいのは猛禽類のペリットでしょう。哺乳類の毛や鳥の羽根、砕かれた骨などが入っています。カラス類も大きさ的には見つけやすいのですが、都市部だとビニールなどが入っていてペリットだと気づかれない場合が多いですね。

フィールドサイン探しと鳥の観察の両立は可能？

私は羽根好きなので羽根をよく探して歩くし、歩いていると下が気になって仕方ありません。そうすると、鳥を観察することが難しくなります。鳥を見つけるには遠くや木の上を探さないといけないのですが、羽根などのフィールドサインを探す場合は、古巣は別にして足元を見ていることが多いからです。

　鳥を探して足元をあまり見ていなかったら、他の人に羽根を拾われてしまったということもよくあり、いつもそのジレンマに悩まされます。基本的にフィールドサイン探しと鳥の観察を両立させることは難しいなと常々思っています。

しかし、こんなこともありました。食痕を探していると、だんだん食痕の密度が高くなっていくときがあります。こっちはうれしくて仕方ないので周りのことなど見もせず拾いまくっていますが、猛禽類の声がするので周りを見渡すと巣を発見したということが何度かあったのです。そのうち、食痕の密度が高い場所をあえて探すようにし、巣の発見に役立てるという考えに変わってきました。クマタカやオオタカ、ハイタカ、ツミなど、やはり営巣木に近い場所は、羽根が散乱しているところが多いのです。考え方次第で両立も可能かもしれないですね。

フィールドサインから情報を得る

最初にお話ししたようにフィールドサインは鳥がそこにいた証拠です。鳥は飛びながら移動しているので、その場所にその鳥がいたとしてもタイミングがあり必ず出会えるものではありません。それが夜行性の鳥や渡り途中の鳥なら、なおさら出会える機会は少ないでしょう。

私はこれまで、東京都の中心にある新宿御苑という緑地公園で山地性のジュウイチの羽根を拾ったり、山の中でカモメ類の羽根を拾ったりしたこともあります。また、夜行性のヨタカやフクロウ、オオコノハズク、そして普段姿をなかなか見せてくれないヤマシギやミゾゴイなども羽根を拾って存在に気づくことが多い種です。

以前、山の中を歩いていたら近くから飛び出した鳥がいて、何かわからず脳をフル回転させていると、足元に一枚の羽根が。それはミゾゴイのものでした。さっき飛んだのもミゾゴイか!? と思い周辺を探すと巣があったということもありました。また、ねぐらがあって夜にはたくさんの鳥が集まっていても、昼間しかそこを通らなければ気づくこともありません。しかし、フィールドサインがそこに残っていれば、その存在を知ることができます。

駅前の街路樹の下に糞や羽根がたくさん落ちている場所はありませんか？ そういう場所があればそこに日が暮れるころ行ってみてください。たくさんの鳥が集まっているはずです。運が良ければ、ねぐら入りを狙ってハヤブサなどの猛禽類が襲いに来ているかもしれません。

夏から秋にかけてのムクドリのねぐらであれば、その下に落ちている羽根をよく見てください。ムクドリに混じってコムクドリの羽根が落ちていることが多いです。これはコムクドリが渡りをする前にムクドリのねぐらに合流し、そこで換羽をするためです。普段コムクドリを見る機会はなかなかないのに、ねぐらの下にはコムクドリの羽根が落ちているのにはいつも驚かされます。

また、山を歩いていて張り出した針葉樹の枝の下に糞が多く落ちていれば、夜は誰かがここで寝ているのかと推測することができます。それがキジの仲間の糞だったりすると、キジの仲間が地面ではなく木の上で寝るということを確認できます。

その他、繁殖期に白いペンキをまき散らしたような跡がたくさんあったら上を見上げてみてください。大型種の巣があるかもしれません。それが猛禽類の巣であれば、周りに食痕が多いことで気づくこともあります。

定期的に同じ場所を歩いていると、落ちている羽根の種類が変わってくることに気づくでしょう。それは鳥がいっせいに羽根を抜いて生え変わらすわけではなく、少しずつ計画的に生え変わらせているからです。その順番はある程度決まっているため、それを記録していけば、どの時期にどの部分が換羽しているといった情報も得ることができます。先ほどのコムクドリのように、ムクドリのねぐらに入って換羽するという生態も知ることができるのです。

フィールドサインから推測する

フィールドサインがどんなものかはわかったかと思います。では楽しみ方の一つとしてどんなことをどのように推理してみるか、事例で紹介しましょう。

ケース1（鳥取県・大山の事例）

鳥取県の奥深い山地。雪の中にヒヨドリの羽根が散乱していました。じっくり観察してみると、足跡もついています。また、写真右上には擦れたような跡もありました。まず、羽軸の基部が折れたような様子はないこと、周りに哺

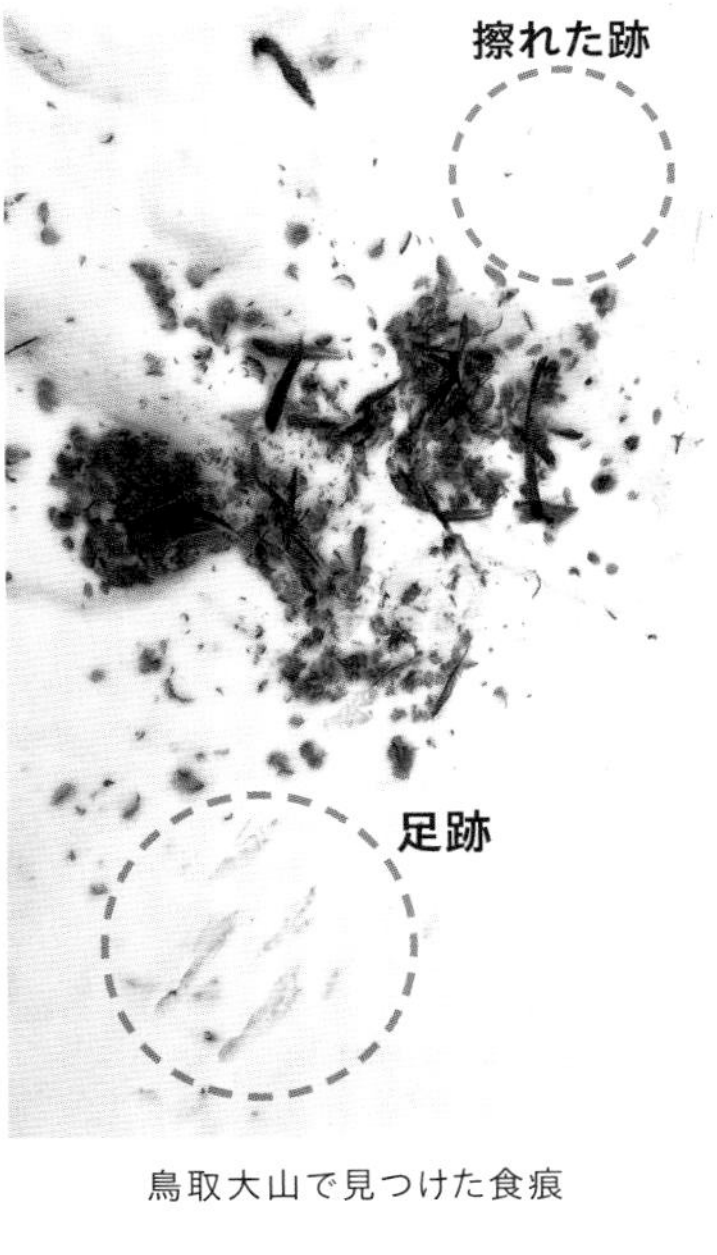

鳥取大山で見つけた食痕

乳類の足跡は残っていないので、猛禽類の食痕ということになると思います。

擦れた跡は想像するに猛禽類の翼の跡ではないでしょうか。そうするとこの写真に対して左を向いて止まり、鳥を抑え込んだときに右翼が擦れた跡を作り出していたのかもしれません。

では、写真左下の足跡は何なのか。食痕の位置関係から考えて、ヒヨドリを襲った猛禽類ではなく、食痕ができた跡にハシブトガラスが餌はないかと寄ってきたのかもしれませんし、羽根をむしっている最中にハシブトガラスがちょっかいを出しに来たのかもしれません。そうするとヒヨドリはハシブトガラスに奪われたのかそれとも猛禽類が持って逃げたのか。そこにどんなドラマがあったのかといろいろ想像がふくらんできますね。

ケース2（北海道・網走の事例）

ここは北海道網走市。湖のほとりを歩いていたら羽根が散乱していました。いつになってもこういう場面に遭遇すると心ときめきます。

羽根の模様からマガモのようです。ケース1と違ってよく見ると基部が折れているもものもありました。この辺りはオジロワシなど大型の猛禽類もいますが、このように羽軸を折ってむしり取るような羽根の抜き方はしません。哺乳類だろうと推測しながら観察していると、強烈な獣臭がする場所がありました。キツネは他の哺乳類よりも獣臭が強いという話を聞いたことがあります。これはキタキツネが襲って食べたのだろうという結論にたどり着きました。

しかし実際見たわけではないので、キタキツネが襲ったのかどうかはわかりません。もしかしたら鳥インフルエンザで死んだマガモをエゾタヌキが食べ散らかして、そこがたまたまキタキツネのよく通る場所だったから獣臭がしたのかもしれません。またはノネコが住み着いていてノネコが食べたのかも。結論はわかりませんが、鳥インフルエンザで死んだ個体でありませんようにと思いながら観察していました。

羽軸の基部は折れている

北海道網走で見つけた食痕

ケース3（京都府・西山の事例）

京都府のとある山の中。鳥を調べながら歩いていたら、アオバトの体羽が落ちていました。一枚ならまあよくある話。アオバトなら二枚目、三枚目ぐらいであればここにねぐらがあって抜け落ちた可能性もあります。それがさらに増えると食痕か！と鼓動が高鳴ります。

私には「羽根が二枚落ちていたら食痕と思え！」という勝手な決め事があります。要は怪しいので周りを探してみようというものですが、その決め事に従って探してみると羽根がたくさん見つかりました。落ちている羽根の量、まとまりが今ひとつですが、自分では食痕だと断定。本体（自分では襲われて羽根がむしられた場所のことをそう呼んでいます）はどこだとキョロキョロと探しますが、羽根がまとまって落ちている場所がありません。

京都西山にて、登山道の上にアオバトの羽根を発見

ふと、枝に体羽が引っかかっているのに気づきました。よく見ると三枚、四枚と見つかります。上か!? と思って見上げると怪しそうな倒れかかった木がありました。回り込んで見てみるとそこにはたくさんの羽根が残っています。本体発見！ 猛禽類がそこでむしって食べたのだろうということがわかりました。さらに犯人は誰かという推測で想像をふくらませます。この場所にはクマタカはいないので、アオバトを捕獲できるとしたらオオタカかハイタカのメス（オスより大きい）だろうと思います。オオタカは京都府では多い鳥ではないこと、木の上よりは地面に近い場所で羽根をむしることが多いことから、ハイタカかなという結論にたどり着きました。結論と言っても自分の中での話。でもそれが楽しい！

枝に体羽が引っかかっている

怪しそうな倒れかかった木が!?

羽根を探す

フィールドサインの中でも一番人気は羽根でしょう。羽根好きな私なので偏見が強いかもしれませんが、そうではないでしょうか。いや、そのはずです！ というわけで皆さんのニーズにお応えして？ フィールドサインの中でも羽根を取り上げてみます。

換羽期を狙う

羽根を探すには換羽期である真夏がいいですね。繁殖が終わって換羽が始まれば、山から街中、公園などいろいろな場所で羽根を拾うことができます。海鳥関係では海岸線も羽根がたくさん漂着しています。

また、秋から冬にかけてはカモがいる水辺を探すのもいいと思います。カモのオスは渡りの前、外敵に襲われにくくするためメスと同じような羽色の羽根に換羽してから渡って来ます。この状態をエクリプスと言います。そして日本の越冬地に着くと、メスとカップルになるためにエクリプスの羽根を繁殖羽に生え変わらせるのです。抜け落ちた羽根は沈まず水に浮いたまま岸辺まで流されますから、水辺には換羽した羽根がたくさんたまっているのです。ただし、メスと同じ地味な色の羽根が多いのと、カモの羽根は識別が難しいので、種を特定できないかもしれないということはご承知ください。

エナガの巣を探す

エナガはとても小さな鳥ですが、巣はドーム状で、中に拾い集めてきた大量の羽根を持ち込みます。その数は多いと2000枚を超えます。私たちが羽根を探す場合、どうしても歩きやすい道沿いや開けた場所など、歩く場所が限定されます。イメージとしては線で探している感じです。

それに対してエナガは空から面で探し、私たちでは手を出せない木に引っかかった羽根もゲットできるので、羽根を見つけるのが本当に得意です。

エナガ

そうして集めた羽根の入った巣は、営巣が終わるとすぐに落ちてしまいます。または作っている最中に落ちることもあります。

そんなエナガの巣を拾う機会が早春期です。関東なら4月、北海道であれば5月でしょうか。エナガの巣を拾う絶好の時期です。お宝が詰まった福袋のようなエナガの巣をぜひ探してみてください。

食痕を探す

羽根を拾う最も効率的な方法は猛禽類の食痕を探すことです。食痕が見つかれば、風切羽から尾羽、体羽など、運が良ければ一通り落ちています。特に猛禽類の繁殖地が近くにあれば食痕の数も多いです。猛禽類の中でもオオタカの食痕がおすすめです。

ハイタカやツミは木の上で羽根をむしることが多いの

落巣したエナガの巣

猛禽類の食痕

で、羽根が散乱しすぎて回収に手間がかかりますが、オオタカは固い地面や倒木の上など、足元が安定した場所で羽根をむしることが多いので、一か所にまとまって羽根が落ちていて回収が楽です。

食痕は偶然の出会いという場合が多いかもしれませんが、それを必然的な出会いに近づけていくことも必要です。以前にも食痕が見つかっている場所であれば、倒木の上などありそうな場所には注意を払うよう習慣づけるのもいいでしょう。

また、道沿いに羽根が一枚落ちていたら周りを見渡してみてください。同じような羽根がもう一枚落ちていたら食痕の可能性を考えてみます。「羽根が二枚落ちていたら食痕と思え！」です。三枚目が落ちていればかなり確率が高くなります。

その場所にそれ以上落ちていない場合は、周りを見渡して食痕があるとすればどこだろうと想像してみてください。昔、食痕を探すために小さな谷の中を歩いていて、カラスの羽根が何枚か散らばっているのに気づきました。落ちている羽根は多くありませんが食痕の匂いがします！　襲ったのは恐らくオオタカでしょう。

猛禽類の食痕

そこでオオタカの気持ちになって考えてみました。オオタカはけっこう臆病な鳥で、捕まえた獲物をその場で解体せず、人が通る道沿いから人の目が届かない場所に移動することがよくあります。上が覆われていて上空からカラスなどに発見されにくいような適度な茂みがある場所、低木の下などに持ち込むこともよくあります。また、足元がしっかりしている場所が好きなようで、固い地面や倒木などが調理場（解体する場所）になります。そのためお墓の墓石が調理場になることも。

そうやっていろいろ考えをめぐらせながら周りを見渡すと、斜面の上のほうにオオタカが好きそうな場所がありました。行ってみるかと思い立ちよじ登ってみると、そこにはばっちり食痕の本体を発見！ 思わずガッツポーズをしてしまいました。

これまで何百（もしかすると千を超える?）という鳥が襲われた食痕を見つけてきて、こんな体験は一つや二つではありませんが、実際にはハズレのことのほうが多いものです。でも、そうやって推理し見つけた食痕は、偶然出会った食痕よりもひときわうれしいものです。ちなみに、私は食痕を探すとき、肉眼に頼らず双眼鏡を駆使します。広い植林地の中や谷の底、対岸の食痕がありそうな場所、または斜面の途中に倒木が見えれば羽根が付いていないか双眼鏡で探します。線でしか探せないところを面で探すための必須アイテムです。

羽根を認識する

このように羽根が落ちている場所はたくさんありますが、そうは言ってもなかなか羽根を見つけられないという話もよく聞きます。これはあなたの脳が羽根を認識しきれていないのかも。まずは羽根というものを脳にインプットするために、羽根をじっくり眺めてみてください。

日常生活でいつも目に入る場所に置いておくというのもいいと思います。また、フィールドに出たときに、何かの羽根を地面に置いてそれを眺めてみてください。そうすることで、フィールドで羽根が落ちている風景を脳にインプットできると思います。

あとは実際に落ちている羽根に出会う機会が増えれば、脳がどんどん情報を蓄え、より羽根を認識してくれる脳へとアップグレードしていくに違いありません。ちなみに、私はフィールドに落ちている羽根のどこを見て羽根だと認識しているのかよく考えるのですが、やはり羽軸の白さに反応している気がします。細く艶やかな白いものを見たとき、それが枝であっても反応している自分がいるのです。

羽根を識別する

次に羽根の識別について簡単にご説明しましょう。

羽根は世界中で愛され、コレクターも多いので、識別のために参考になる書籍もいろいろ出ています。国内でも、以前は羽根の本などありませんでしたし、インターネットという便利なものもない時代、拾った羽根を調べようと思ったら図鑑や写真集を眺めて識別の参考にするしかありませんでした。そういう点では現在は書籍もいろいろ出ていますし、インターネットで検索すれば羽根の標本をアップしているサイトもあるので参考になり、便利な世の中になったなぁと思います。

ここでは識別のための基礎的なお話をしておきますので、これを参考にしてより詳しく調べたいときは書籍やインターネットのサイトで調べてみてください。

羽根の構造

羽根というものについて、まず知っておかなければいけませんね。羽根はすでにお話しましたが、羽軸、羽枝、小羽枝という三つの構造からできています。場合によって小羽枝または羽枝を無くすことでいろいろな役割を果たすこともありますが、規則正しく配列するこの三つの構造を超えて羽根が作られることはありません。つまり、この構造に該当しないものは羽根ではないことになります。

部位を見極める

羽根を識別するには、まず部位を特定しなければなりません。同じ鳥の体の中にも部位によって大きい羽根、小さい羽根がありますから、部位を間違えると羽根の持ち主の大きさを読み間違い、迷宮入りしてしまうかもしれません。ここでは部位の基本的な見わけ方について説明しておきます。まず、綿状羽枝《めんじょううし》と呼ばれる綿毛の部分が多く占めているかどうかで体羽と翼に付属する羽根、または尾羽に大別します。

羽軸の基部。左から初列雨覆、次列雨覆、小翼羽

次に羽軸の基部に注目。ここが太かったり、短かったり、くの字に曲がっていれば、雨覆羽《あまおおいばね》または小翼羽《しょうよくう》となります。これらに該当しなければ風切羽《かぜきりばね》か尾羽の可能性が高いと考えていいと思います。最後に羽軸をトレースしてみましょう。湾曲の山が全体にあるか基部にあるかで、風切羽と尾羽にわけることができます。ぜひ試してみてください。

色・模様から判断する

羽根に茶色や黒以外の色があれば、有効な識別ポイントになります。また模様も同様です。それがどの部位の羽根かまで識別できていれば、あとはインターネットや図鑑の鳥の写真を見比べながら、その部位に同じ色や模様がないか確かめてみましょう。

そのときに一つ注意しなければならないのは、羽根にある色や模様が鳥の体のどこに反映されているかです。まず

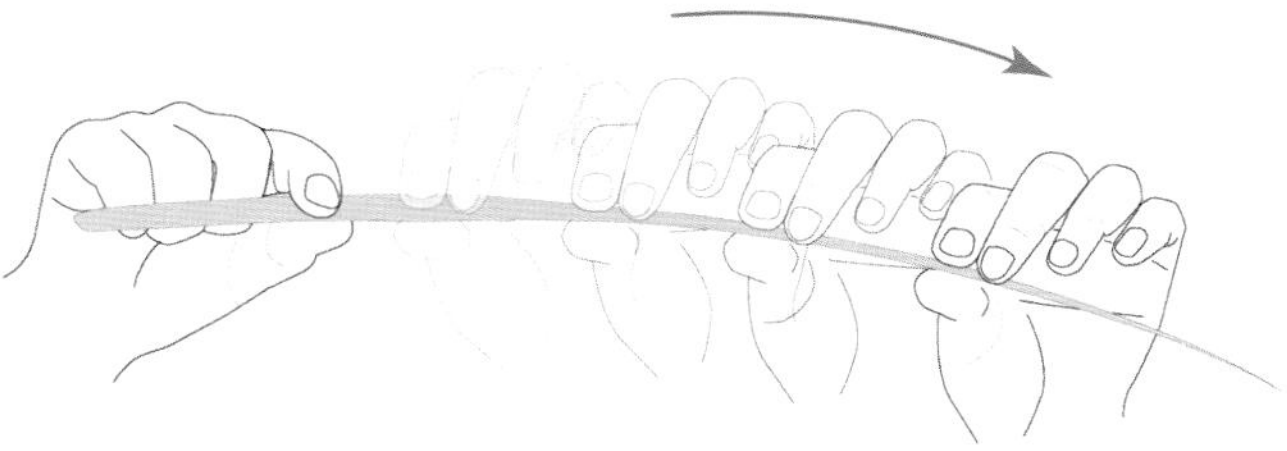

羽軸のトレース方法

外弁に色や模様があったとしましょう。それは止まって翼を閉じているときに翼の色模様となりますし、飛んでいるときは翼の上面に反映されます。また内弁の色模様であれば、飛んでいるときの翼の下面に反映されます。これを覚えておけば、検索もより正確にできるでしょう。

形状から推測する

風切羽を拾ったときに、その形状にも注意してみてください。羽軸が固く大きく湾曲した羽根であれば、空気をたくさんつかみ、大きな体を持ち上げるための羽根、湾曲がそれほどない鳥は地上から飛び立つのが苦手かもしれませんが、高速で飛翔するのに適した羽根と考えることもできます。

その他にもそれぞれの羽根が持っている特徴には意味があると考えながら想像し、羽根の持ち主を探していけば、いろいろな発見があるに違いありません。

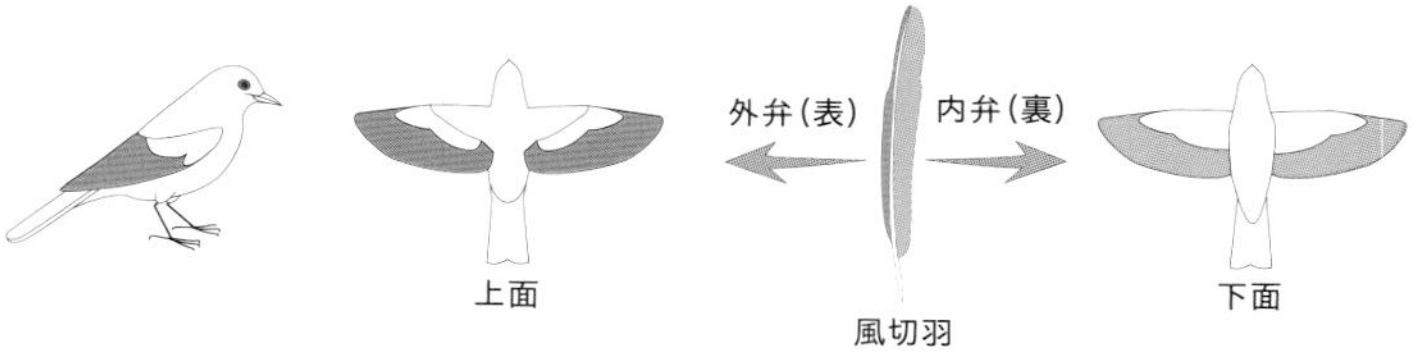

風切羽の色の反映部分

Ⅶ章

海外に行ってみよう

海外は何がいい？

国内も十分に見ていないのに海外に行ってもなぁと思う人もいるでしょう。その考え方も間違いではないと思います。でも海外に出ていって鳥を見ることにも価値はあります。その辺りについて自分なりに感じたことなどをご紹介していきます。

海外に行って思うことは、鳥が非常に多いことです。日本にも鳥はたくさんいますが、それ以上に圧倒されるぐらいに鳥がいます。種類も多く、日本で普段見ている鳥の密度が世界で見ればどうなのか。そういうことを実感できるだけでも、海外で鳥を見るのは良い経験になると思います。海外の経験を通して日本の鳥を見れば、その鳥についてのとらえ方、感じ方が変わってくると思うのです。それは新たな発見にもつながります。

珍鳥が普通種

日本では珍鳥や稀に飛来する鳥とされている鳥が当たり前にいる風景は、やはりとても違和感があります。珍鳥と言っても日本での話ですから世界のどこかにはたくさんいるというのは考えればわかるものですが、それでもその風景を実際に目の当たりにすると、当たり前のことに気づかされる自分がいて、とても新鮮です。

コアジサシの調査で知り合ったヤンタン（Yung Tung）さんに香港で米埔（Mai po）自然保護区に連れて行ってもらったとき、観察板から覗くと白い点がすごい数並んでいました。何かと見てみると全部ソリハシセイタカシギ。これには唖然でした。１９９３年11月、千葉県の谷津干潟に一羽のソリハシセイタカシギが飛来したとき、全国からバードウォッチャーやカメラマンが集まり、一羽のソリハシセイタカシギの動きに合わせて１００人を優に超える集団が右往左往していたのが滑稽に思えてしまいます。

国際鳥類学会議でカナダのバンクーバーに行ったときにはライフェル野鳥保護区という一番人気のサンクチュアリに行きました。水鳥の多さに圧倒されるとともに、小鳥も多様。広くて全部を回りきることはできませんでしたが、オオキアシシギ、オオハシシギが群れでたくさんいて、その中にコキアシシギも混じっているし、周辺にはナキハクチョウが普通

カナダ　オオキアシシギ

にいるというシチュエーション。ちょうど渡りの時期で、日本では外来種のカナダガンが次から次へと大量に渡ってきます。ナキハクチョウは岩手県まではるばる見に行ったのを思い出しながら、眺めていました。

また、モズも中国ではタカサゴモズが、リトアニアではセアカモズが普通で、これらも日本では珍鳥になります。この他、リトアニアでは日本の共通種が多い一方で、マキバタヒバリやゴシキヒワ、ワタリガラスなどの日本では珍鳥か数少ない冬鳥とされる鳥を普通に見ることができます。こうして海外の目線で鳥を見ていると、種というものを日本という狭い尺度で見ないほうがいいなと思うのです。

カナダで見たカナダガンの集団

同種でも違いがある

リトアニアではタゲリが多いのですが、渡りの時期にはリトアニアの中央を流れるネムナス川を遡上《そじょう》しながら南下していきます。大きな群れが中洲を中継しながら次へと移動していきます。すごい数です。コアジサシの調査で川の中を移動していると、上流で休憩していた数百羽の群れがいっせいに飛び立ちました。その光景にしばし見とれていると、しばらくすると羽根が上流からたくさん流れてきます。換羽の時期のようです。羽根は中洲にもたくさん落ちていてこれでもかというほど拾ったし、もう十分だと思いながらも、流れてくるとついつい反応して拾ってしまう自分がいます。もう十分といくら自分に言い聞かせても、緑色の羽根や初列風切のかっこいい部位が流れてくるとついつい手が出ます。そうこうして大量に拾ったタゲリの羽根を日

リトアニア　タゲリ集団

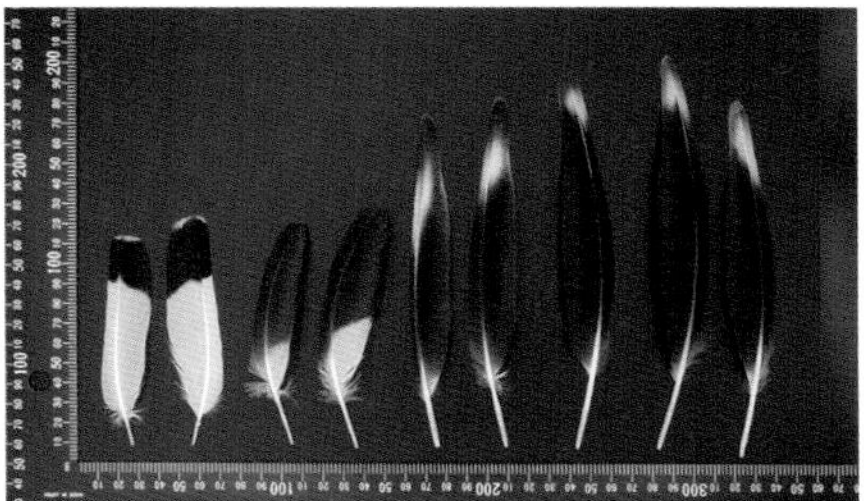

リトアニアと日本のタゲリの大きさを比較（羽根）

リトアニア　ゴシキヒワ

本に戻ってから日本のタゲリの羽根と比べてみると、リトアニアのタゲリのほうが顕著に大きいことに気づきました。

同じ種でもアジアとヨーロッパでこんなに違うのかと気づかされた出来事です。そういう目で見ていると、繁殖しているミヤコドリも日本のミヤコドリとはサイズが違うのではないかと思えてきます。こういう気づきも海外ならではの楽しみの一つです。

同種の海外での一面

リトアニアに行くと日本と同じくユリカモメがたくさんいます。ただ、日本と違って麦畑などの上を低く飛び回りながら餌を探しています。こういうところで餌を探すのかと興味津々で眺めてしまいます。コアジサシを捕獲するために夕方中洲にカスミ網を張り、夜間になって中洲で休んでいるところを驚かせて捕獲を試みていたのですが、結構な確率でユリカモメがかかります。そしてユリカモメは食べていた何かの幼虫をたくさん吐き出して、それが網にからまっているという悲惨な状況がよくありました。ちょっとグロテスクな状況に気が滅入りながらも、日本で見られない生態に一つ賢くなったようで得した気分になりました。

海外ならではの気づき

中国に行くと、繁殖期にジョウビタキが普通に見られます。もちろん繁殖しているのですが、日本の越冬環境と同じで、人家の周辺や庭でよく見かけます。リトアニアでも別種ですがシロビタイジョウビタキやクロジョウビタキが都市部の公園や宿の庭に普通にいてさえずっています。繁殖環境と越冬環境が似ているというのはその鳥の生態を考えれば当たり前かもしれませんが、これも目からうろこ状態でした。

中国と言えば昔は鳥が全然いなかったそうです。飼育か食料か、そんな対象でしかなかったようで、外を歩いても鳥が飛んでいなかったという話を聞いたことがあります。私が初めて訪れたときはそれなりに鳥がいましたが、日本で外来種として問題になっているガビチョウやソウシチョウは見つけられませんでした。

カオジロガビチョウはいましたが、ガビチョウとソウシチョウは野外では見ることができず、唯一見られたのは村の人が鳥かごに入れて持ち歩いているものだけでした。

複雑な気分です。日本には外来種として入って来てあんなにはびこっているのに。中国人に好きなだけ捕っていってくださいと言えば日本からいなくなるかなぁと馬鹿な発想が頭をよぎってしまいます。

また、香港の米埔自然保護区でのことですが、セグロカッコウが渡り途中に立ち寄るようで、あちらこちらで鳴いていました。姿も見ることができ満足はしたのですが、問題は鳴き声。中国語では四声郭公と書くように、四声で鳴きます。その鳴き声が日本で人づてに聞いていたセグロカッコウの鳴き方と違うのです。日本に戻ってからいろいろな人に聞いてみましたが、私が香港で聞いたセグロカッコウの声に該当する例は見つかりませんでした。香港のセグロカッコウも中国大陸に移動しているはずです。日本に来ているセグロカッコウはどこの個体なのか。これも気になるところです。

日本にはいないグループの鳥

世界には、日本では野生で見ることができない目レベルの鳥がたくさんいます。それでもダチョウ目やレア目、ペンギン目、フラミンゴ目、エボシドリ目など動物園で見る機会のあるものもたくさんいるので、日本で満足している人も多いかもしれませんが、野生で見るのと動物園のケージの中で見るのとは全然違います。

オーストラリアでコアジサシのコロニーを見て回っていた際、接近するボートの中からコロニーの中に巨大な鳥がいるのを発見！　それはエミューでした。海辺の砂浜をゆったりと歩くエミューは違和感の塊でしかなかったですが、野生は違うなぁと感動したのを今でも思い出せます。

また、ツメバケイ目やキヌバネドリ目、ジャノメドリ目、ネズミドリ目など日本の動物園では見ることができない鳥もいます。そういった目レベルで違う鳥は、生態も違っています。日本の鳥にはない生態というものを垣間見られるのも海外での観察の良さと言えるでしょう。ハチドリのように目レベルで言えばアマツバメ目なので日本で見ることのできる目ですが、生態が随分と違う鳥もいます。そういった目が同じでも日本では見られない鳥のグループを見ることができるのも海外ならではの楽しみだと思います。

野生のエミュー

英語が必要か

海外に行くなら英語は話せたほうがいいですが、話せないとダメかと言えばそんなこともありません。最近はスマートフォンで翻訳もしてくれるし、伝えたいという気持ちがあれば伝わるものです。日本人の悪いところは自信を持った会話ができないところでしょうか。一言話してみて相手がわかっていないような表情を見せると、そこで「ダメだ、通じない」と気力が萎え、話すことを止めてしまう人が多いですが、そこは積極的に、何でわからないんだ!? っていうぐらいの気持ちで話し続けるといいと思います。

かくいう私も英語が苦手で、会話できない典型的なタイプでした。海外での調査や国際協力事業が増えて英語を勉強し、何とかコミュニケーションができるまでにはなりましたが、最初のころはひどいものでした。会話できないこと、気持ちを伝えられないことがストレスになり、周りで楽しそうに話している輪に入れないのはとても辛かったように思います。しかし今、周りの人たちを見ていると、英語が達者でなくてもコミュニケーションはとれるものなのだと実感させられます。紙に書いたり身振り手振りで伝えたり、スマートフォンの画像で伝えたり、伝えたいという気持ちさえあれば何とでもなるのだと実感させられます。

また、鳥が目的であれば、言っていることも何となく理解できるし、特に自然の中にいれば人に会わないので英語を話すこともありません。リトアニアにコアジサシの調査で行っているときは、朝から晩、ときには真夜中まで川の中で、人に会うのは食料調達と宿に戻ったときの食事ぐらい。ほとんど英語は使いませんでした。そのため英語ができないから海外はちょっとなぁと二の足を踏んでいる人は、そんなこと気にせず出かけてみてください。なんとかなりますよ。

とはいえ、英語が話せるほうが現地の人とよりコミュニケーションがとれ、楽しくなることは間違いありません。日本の周辺国においても、母国語とは別に英語を普通に話せるという国は多く、海外の教育システムをうらやんだこともありますが、話したいというモチベーションを維持できるならば、今話せなくてもきっと話せるようになると思います。ただし、そのモチベーションを維持するのがとても大変です。

２０２０年に世界中に広がった新型コロナウイルス感染拡大によって海外への渡航が難しくなったころ、モチベーションを維持できず英語の勉強をしなくなった人も多いのではないかと思います。英語を話せるようになったときに待ち受けている楽しいことを思い浮かべながら、モチベーションを維持しましょう！

渡りのルートをたどる

日本は四季があり渡り鳥が他国から渡って来て、そしてまた季節が変われば帰っていきます。彼らの移動距離はとても長く、アジサシの仲間のキョクアジサシは北極から南極を毎年行き来し、その途中に日本に立ち寄ります。

私が関わっているコアジサシやサシバ、アカハラダカも南の国に渡っていく鳥で、サシバは主にフィリピンで越冬することが知られていますし、アカハラダカは日本を通過し、フィリピンも通過してさらに南下していきます。コアジサシはとても複雑で、フィリピンで止まるものもいれば、パプアニューギニアやオーストラリアの北部から南東部まで、行きつく場所もさまざまです。ジオロケーター調査を進めていくなかで、ジオロケーターを回収する度にワクワクしながらデータ解析しましたが、あまりにも越冬地がばらばらで、どこまで進めればコアジサシの越冬地の本質が理解できるのか、悩みどころでした。

また、リトアニアでもコアジサシにジオロケーターを装着し調査を行ったのですが、こちらは日本とは真逆の結果に。ジオロケーターを回収する度にワクワクしながらデータを解析し、その度に祝杯をあげていたのですが、解析され出てくるデータはいつも同じルート、同じ越冬地で、回収した八個体、すべてアフリカ西部の同じ越冬地に渡っていたのです。もしかしたらアフリカ大陸南部のマダガスカルまで行っているかもと夢と希望を持って解析していたのに、全部同じというのは少し肩透かしを食らった感じで、後半はまたかぁという失意さえ覚える感覚でした。贅沢な悩みです。

そうしたなか、ジオロケーターでは誤差が大きくてピンポイントにどこかということがわからず、本来の目的である越冬地や中継地がコアジサシにとって安全な場所なのかを調べるに至りませんでした。そのため、新しく開発された誤差の少ない小型のGPSタグを装着してき

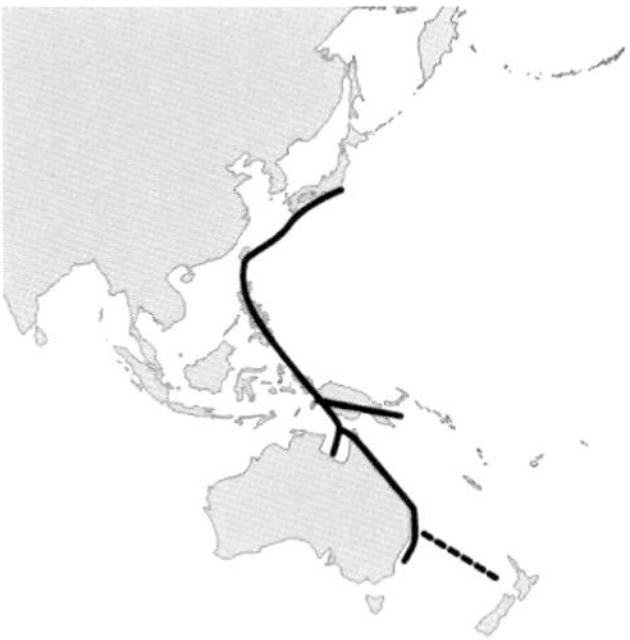

コアジサシの渡りのルート(原図)

リトアニアでの調査様子

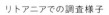

ましたが、なかなか回収できません。その成果を待つよりも実際に現地を見たいと何度かフィリピン、インドネシア、オーストラリアを訪ねました。

オーストラリアでは、私たちが装着したジオロケーターの個体を目視で観察したという事例がある場所を訪ね、その環境を確認しました。安全な場所なのか、今後開発の予定はないのかなどを確認しながら回りました。ニューサウスウェールズ州を訪れた際には、Flat Rockと呼ばれる場所でコアジサシを見ていると、一羽のコアジサシに日本の足環が付いていることを発見。カメラを持って近づき、いろいろな角度で写真を撮って番号の解読を試みます。繰り返しチャレンジして何とか読み取った番号は、同行者が装着した足環の番号だとわかり、日本とオーストラリアを結ぶ事例をこの目で確認することができたといううれしい発見でした。このときはたまたまコアジサシに装着したリングの情報を読んで報告していた方にも出会うことができ、さまざまな偶然に感謝したものです。

鳥たちが渡っている地球を私たちも一緒に歩み、環境や風土を共有するのは本当に楽しいものです。ぜひ皆さんも試してみてほしいと思います。

オーストラリアでコアジサシを探す
（Flat Rock）

Ⅷ章

記録を残す

記録を残すことの大切さ

どこかへ鳥を見に行ったときに限らず、日常でも見た鳥について記録を残していくことはとても大切です。記録をするには鳥を識別する必要があるので、普段だとどうせスズメやヒヨドリだろうと決めつけて鳥に注意を払わないような場合でも、本当にスズメか、本当にヒヨドリかときちんと確かめる癖がつきます。そして記録するということ自体が手の動きや視覚を伴って脳に刺激を与えるので、見たものを記憶するサポートにもなります。これにより鳥の識別能力や知識は向上するはずです。また、何年か先に鳥が減っているとか冬鳥が渡ってくる時期が早くなったのではないかと感じたとき、日々記録を取っていればそれを証明してくれるでしょう。

以前、スズメが減っているという研究結果が報告されたときのこと、それがマスコミで取り上げられると、世間はその話題で持ちきりとなりました。すると、多くの人が「最近、近所でもスズメが減った」と話に乗ってきたのですが、そのほとんどは感覚的なものです。過去にどれくらいスズメに注意を払っていたかも定かではないので、昔、本当にその人の周りにたくさんスズメがいたのかはわからず、実際に減ったことを裏づけるものとはなりません。しかし、記録があれば、それをデータで示すことができます。何より書きためた記録はあなたの経験値そのもので、あなたの財産となります。

そう言いながらも私は記録を習慣づけるのがとても苦手で、フィールドノートを買っては三日坊主を繰り返し、ノートを紛失して新しく購入したらまた古いのが出てくる始末。そんなことを続けた結果、最初のほうだけ中途半端に書かれたノートがたくさんあって、全然整理もされていないので使い物にならないというありさまです。とはいえ、そういうずぼらな人間だからこそ記録の重要性は重々感じています。皆さんはぜひ記録を習慣づけて私のような人間にはならないようにしましょう。

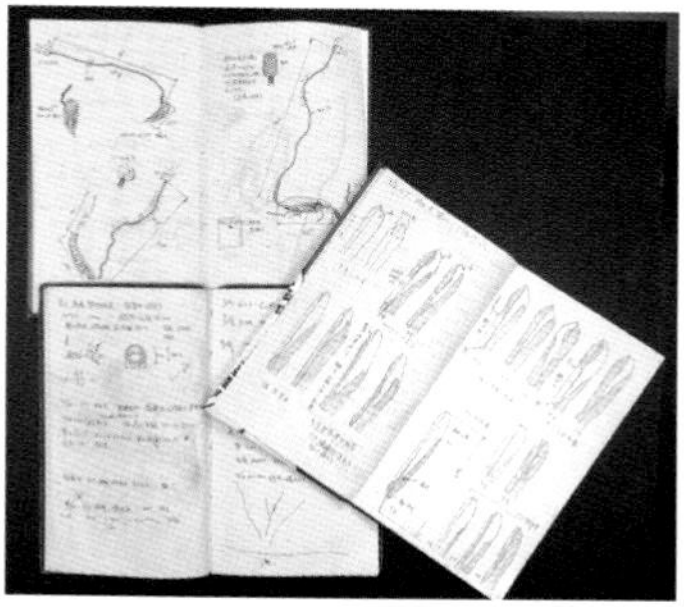
スケッチブック

他人のデータを信頼できるか

皆さんは他人が取った鳥のデータをどれくらい信頼することができますか？ 特に

自分より鳥の識別能力が高くないと感じる人たちが取ったデータをどこまで信頼できるでしょうか？　なかなかそれができる人はいないと思いますが、市民調査のようなたくさんの市民を巻き込んで行う調査の場合、そこが大きなポイントとなります。それができなければ、市民調査自体が成り立たないものとなります。

多くの研究者は自分が取ったデータ以外は、本当の意味では信頼できていないと思いますし、自分が真剣に取り組んでいる研究なら、すべてのデータを自分で取りたい、または取るべきと思っている研究者も少なくありません。また、あるフィールドでモニタリング的にデータを取り続けるなら、同じ人がデータを取るほうがいいとも言われています。

そんな世界だからこそ他人のデータを信頼することはなかなか難しいのです。しかし、今は亡くなられてしまいましたが、神奈川県にある平塚博物館の館長をされていた浜口哲一さんは、それができる人でした。市民と一緒になって調べ、取りまとめ、記録を残し、それが立派な成果となって世に出ているのです。

「記録を残すことの大切さ」でお話しした一般市民が日々記録した貴重な情報源。それをいかに信頼し活用できるかも、鳥を調べるのであればとても重要なポイントだと思います。

記録をまとめる

取った記録は日記のようなものとして保存しておくのもいいですが、まとめていくことも重要です。自分が持っている記録をまとめることで新たな発見につながるかもしれませんし、記録を発表したいならまとめなければ始まりません。

地図に記入した記録はAdobe の Illustrator で整理する方法もありますし、細かく解析していきたいならGISソフトを使って記録を整理していくことになります。使い方をここで説明することはできないので、できることをご紹介しましょう。

Illustrator

デザインやアートの世界の人たちが使うソフトですが、要は高度なお絵かきソフトと思ってください。取り込んだ地図を下敷きのように一番下に置き、その上にレイヤーと呼ばれる透明なシートを重ねていくイメージです。それぞれのレイヤーは日別や時間別、種別などいろいろな分け方で整理することができ、レイヤーの名前を日付や種名、時間などにしておけば、より使いやすくなります。

また、まとめ方に応じて記録した位置情報などを必要なものだけ重ね合わせて示すことができます。ワンクリックでレイヤーを消したり表示したりできるので、取りまとめたものをいろいろなパターンで見たいときにはとても便利です。ただし、地図に手書きで書き込んだ情報をＰＣ上できれいに清書し見やすくしたというところまでなので、そこから先の解析はこのソフトではやってくれません。

GIS

Geographic Information System の頭文字を取って、ＧＩＳと呼んでいますが、日本語では

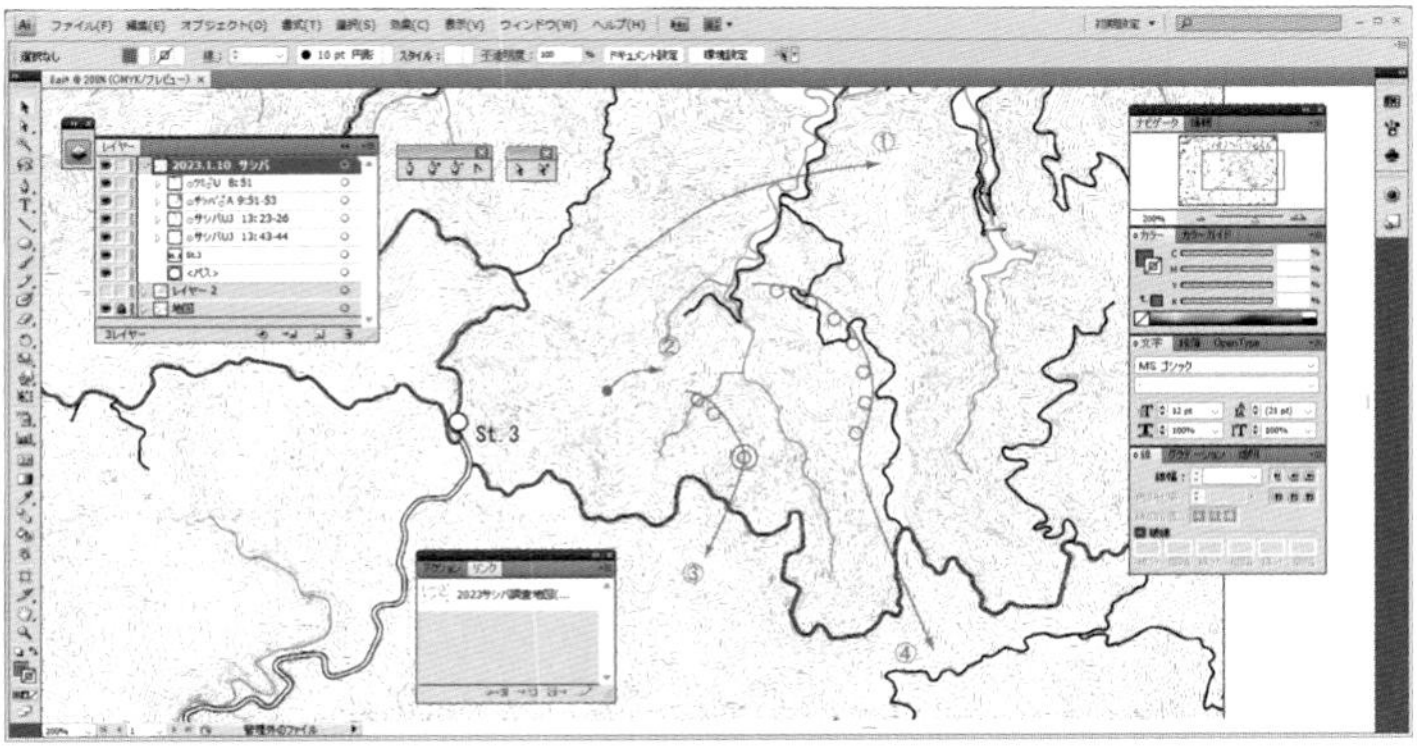

Illustratorで記録をまとめる

地理情報システムと訳されています。地理情報を地図の上に可視化するのはIllustratorでもできますが、それぞれの情報に関連性を持たせたり、パターンや傾向を解析したりし、それを可視化した状態で示すことができるのが大きな特徴です。

ＧＩＳは以前は１００万円を超える高額な予算がないと用意することができなかったソフトですが、今はＱ-ＧＩＳというソフトであれば無料で使うことができます。ＧＩＳでは、記録された情報を緯度経度の情報と合わせて管理します。そのため、巣と巣の間の距離や行動圏の面積といったものも計算してくれますし、それぞれの点や線に緯度経度だけでなく、日付や時間、種名、性別などの情報を持たせ、それをもとに統計をかけたり可視化するものを抽出したりすることもできます。植生図などの環境情報を重ねて複数の情報から解析することも可能です。ＧＩＳでできることはさまざまですが、その分理解や扱いがかなり難しいという問題もあります。

Excel

次に数値的なデータ整理についてご紹介しましょう。これはよく使われているMicrosoft の Excel（エクセル）が一番だと思います。いわゆる表計算ソフトです。表作成から数値の計算、ソートから統計処理、必要な情報の抽出、整理、グラフの作成まで、さまざまなことがこのExcelでできます。数式もいろいろなものがありますので、発想次第でできることは無限に広がりそうですが、基本的なところからおさえるのがおすすめです。

まずは取った記録をどのように入力して整理するかを説明しましょう。一番オーソドックスな方法としては、縦軸に種名を並べて、横軸に地点や日付、時間を設定し、該当するセルに数値を入力していく方法です。縦軸、横軸のそれぞれの項目について計算式を入れておけば、合計値や平均値、最大値、最小値といったものを算出できますし、t検定やz検定といった有意差を出す分析もできます。

また、そこから算出した数字を使ってグラ

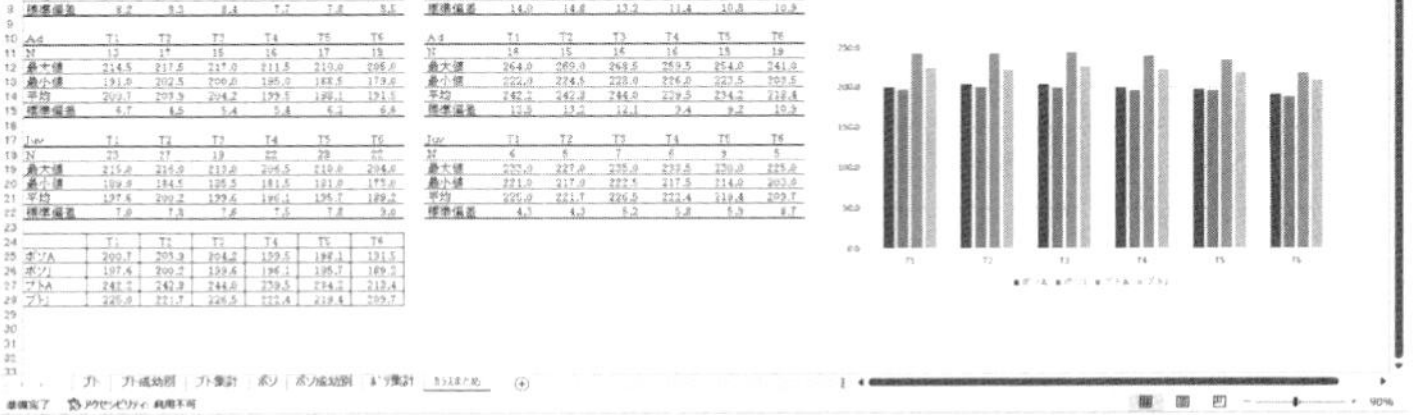

Excelを使用してデータをまとめる

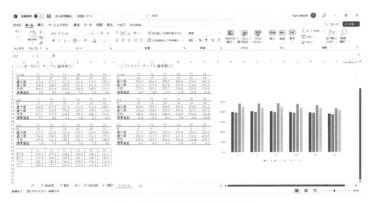

フを作成することもできます。グラフができれば、自分が取ったデータを視覚化することができますが、グラフができあがる瞬間はいつもワクワクするものです。これらの作業は難しくはありませんので、ぜひ使ってみてほしいと思います。取った記録をどう調理するか、考えるのはとても楽しいものです。

情報を可視化することのメリットとデメリット

GISにしてもExcelにしても、可視化するととてもわかりやすく、イメージを共有することもできるので、有効な手段であり、必須の手段とも言えます。

しかし、このきれいになった状態が曲者で、取った記録が大きな誤差のある可能性があるものであったり、信頼性の欠ける情報、または結果を出すためには不十分な情報であったとします。それでも、グラフや図などに変換され可視化された情報は、信頼性があるように見える情報や、わかっていないのにわかったような錯覚を起こす情報に化けてしまいます。

そしてそれが独り歩きを始めると、本来ワンセットになっていないといけない問題点の説明事項は置き去りにされてしまい、見た目の良い可視化された情報だけが伝わり、誤解を与えてしまうことになりかねません。伝えたいことをわかりやすく可視化した状態で共有したいと思う取り組みに、中途半端な情報を立派な情報のようにして見せてしまうというリスクがあることも頭に入れておいていただきたいと思います。

色の表現に注意

鳥類の記録を残すとき、または報告をするとき、色の表現には気をつけましょう。鳥を見て何色かを表現しようとしたとき、その色がどんな色かを把握できていないのにイメージで言葉にしてしまうことがよくあります。

例えば褐色は茶色っぽい色だと思うから、茶色にちょっと赤みがあるのは赤褐色だとか、茶色でも暗い感じだから黒褐色だとか。また、灰色だけど少し黒っぽい気がするから黒灰色？　いや灰黒色？　などと安易に表現してしまうことが多々あります。気持ちはとてもわかるのですが、実際の色は言葉にしたものと全然違っていることが多々あります。そのため、鳥の色について文章で残そうと思ったときは、もとの色をきちんと調べましょう。

図鑑もけっこう適当に色表現しているので、図鑑から引用をするのはやめたほうがいいです。色に関する書籍として色の辞典、色見本、カラーチャートなどで検索するとたくさん出てきますので、一つ持っておくといいかもしれませんね。ただし、色はとても細かくわかれていて、真赭《まそお》色や芝翫茶《しかんちゃ》色など、普通の人はイメージできないものがたくさんあります。実際の色に忠実に表現する一方で、普通の人がイメージしやすい色名を選ぶというのも必要だと思います。ご注意ください。

データの転記は厳禁

皆さんは自分で書いた記録をミスなく書き写す（転記する）自信はありますか？もしあると答えた人も、実際にやってみると毎回１００％ではなく、間違えてしまうことが少なからずあると思います。転記の回数が増えれば増えるほどそのリスクも増加することになります。

私たちはフィールドでデータを取るとき、机の上で書くわけではないので、どうしてもていねいに書けず、走り書きのようになってしまうことがあります。例えばそれを誰かに見せないといけない、もしくは提出しなければいけないとなったときに、きれいに清書してから出したくなるという気持ちはわかります。しかし、これは大きな問題で、転記をミスする可能性がゼロではない限り、間違った情報を相手に見せる可能性があることになります。

また、自分で保管するものを清書した場合、間違った情報を保管してしまうリスクがあります。見直せばいいと思うかもしれませんが、自分で書いたものを見直しても間違いに気づけないものです。転記した量が多ければ、なおさら間違いやすいし間違いに気づきにくくなります。そのため、転記はPCに打ち込むときなど最低限の回数におさめ、オリジナルである調査原票をそのまま保管することを徹底する必要があります。転記はできる限りしないほうがいいということは頭に入れておいてください。

皆さんが記録した情報は皆さんの財産であると同時に、鳥類関係者にとっても貴重な情報となりうるものです。鳥類について研究している、または調査している人たちにとって、自然情報は喉から手が出るほど欲しいもので、そういう人は常にどこかに発表されていないかアンテナを張って探しています。逆に言えば発表されていないと使えないので、人伝いに「どこどこで〇〇を見たらしいよ」、「どこどこで記録を取ったら〇〇が増加していたらしいよ」と聞いてそれを引用したいと思っても、発表されていなければ使えないのです。

また、日本鳥学会では日本鳥類目録を出していますが、これも文献として引用できる形になっているものを日本の記録種として扱っています。その結果、日本にはもっといろいろな種が観察されていると思われますが、それらが発表されていなければ、日本鳥類目録に加わることはありません。

発表というのは紙面（最近は冊子にしないものもありますが）となって公開されているもので、学会誌や地方の研究雑誌、団体の機関誌や報告集などさまざまです。皆さんが得た情報は可能な限り報告し、誰もが見ることができるものにしていくのも重要なことです。

記録を取るのは楽しくても、報告するのは労力も必要で面倒という人も多いと思います。私もその一人ですが、報告するということが重要なことだということも理解していただければと思います。それではどんなものがあるか、少しだけご紹介しましょう。

日本鳥学会誌

日本鳥学会が発行しているものですが、かなりハードルの高いもので、日本鳥学会の会員でないと投稿することができません。報告する内容は未発表であり、オリジナリティがあるものでなければいけないので、近所で鳥を観察して記録したから報告したいというものであれば投稿は難しいところです。また、日本鳥学会誌は和文誌ですが、同学会では英文誌としてORNITHOLOGICAL SCIENCEも発行しています。

山階鳥類学雑誌

公益財団法人山階鳥類研究所が発行しているもので、日本鳥学会誌と並んでハードルの高いものとなります。これもオリジナリティを求められるので、ちょっとした観察記録といった投稿は難しいところです。

Strix

公益財団法人日本野鳥の会が発行しているもので、これも会員向けの報告冊子です。サイトでは「鳥類の生態に関する新知見、新しい繁殖地や飛来地の情報、これまでに知られていない行動の観察記録、自然保護活動の事例など幅広いテーマを扱っています。」となっています。日本鳥学会誌や山階鳥類学雑誌と比べるとハードルは下がるかもしれませんが、やはりオリジナリティを求められます。

Bird Research

認定NPO法人バードリサーチが発行しているもので、先の三誌よりはハードルが下がると思います。団体のサイトでは、「日本のアマチュア鳥類研究者を育てること、これまで知られていなかった鳥の生態や行動についてまとめること、そして鳥類の保護のための優れた実践と応用研究を多くの人のものにすることを目的に編集していきます。」と書かれています。これもオリジナリティは求められますし、ちょっとした観察記録を投稿するようなものではありませんが、自分なりに発見したことなどがあれば、投稿を考えてみるのもいいかもしれません。

BINOS

日本野鳥の会神奈川支部が発行しているもので、これも会員向けの報告冊子です。ただ、掲載することが必要と判断されればその限りではないようです。神奈川県の報告が多いですが、それに限定されたものではありません。会員向けの報告集なので、先の四誌よりもさらにハードルが下がります。投稿規定には「この電子ジャーナルで扱う原稿は、野鳥あるいはその他の野生生物について、テーマを決めて観察したり調査した結果の報告を中心とします」となっています。

神奈川県に在住で鳥類について調査しまとめたものがあれば、またはおもしろい生態などを観察した際は、投稿を考えてみるといいかもしれません。また、「神奈川の鳥」という鳥類目録を定期的に発刊しており、そこに載せる情報は常時募集していますので、神奈川県での鳥の観察記録は情報提供してみるといいと思います。

URBAN BIRDS

都市鳥研究会が発行しているもので、これも会員向けの報告冊子です。会員であれば都市鳥に関する観察や調査した結果を報告することができます。

生物技術者連絡会研究報

生物技術者連絡会が発行しているもので、投稿は会員でなくてもできます。鳥に限ったものではありませんが、ハードルは高くないので、鳥に関する調査や研究の結果などを気軽に投稿することができます。

支部報

公益財団法人日本鳥類保護連盟や公益財団法人日本野鳥の会などには全国に支部があり、それぞれが会員向けの支部報を発行しています。ちょっとした観察記録でも投稿できると思いますので、会員になって投稿を検討するのもいいと思います。

博物館の研究報告集

全国にある博物館では、何かしら報告集を出しています。その博物館が鳥を扱っていない博物館であれば論外ですが、鳥を扱っているのであれば問い合わせてみるといいかもしれません。ただ、多くが博物館の学芸員が発表する場として出しており、第三者が単独で投稿できない場合が多いことに注意です。

おわりに

共存・共生という言葉は聞いたことがありますか？自然に興味がある方なら、おそらく聞いたことがあると思います。では、共存と共生の違いはどうでしょうか。共存と共生では意味が異なり、簡単に言えば共存はある場所でただ一緒に存在すること、共生はある場所でお互いが支えあって存在することです。

日本は国土が狭いにも関わらず人口が多いので、アメリカやカナダ、アフリカ大陸のように広大な土地を野生動物のためだけのサンクチュアリとして確保していくには限界があります。そうすると、やはり私たちは野生動物と共存していかなくてはなりません。しかし、共存しているだけでは大震災などの災害が起こったとき、人間の生活が優先されてしまいます。そのため、私たちは野生動物と共生していくことを考えなければならないと思います。そうすることで、人間の生活のために野生動物も守らなければならないという考えが定着していきます。

それでは、どんな恩恵があるのかを考えてみましょう。カモメやカワウなど、鳥の糞が肥料となって人間に恩恵を与えるという事例もあります。また、鳥がたくさんいることによって植物を食べる昆虫をたくさん食べてくれれば、緑の量が増え、酸素がたくさん放出されて温暖化防止につながります。

　そしてもう一つは、鳥から与えられる癒しです。鳥と共存する中で、鳥が与えてくれる癒しは共生につながっていると思います。その点を素直に理解できていれば、野鳥観察は皆さんにとってかけがえのない存在になるでしょう。癒しが楽しさにつながり、私たちをフィールドに連れ出してくれるのです。

　野鳥観察は楽しいものです。しかし、長く野鳥観察を続けていると感覚は少なからず変わってくると思います。初めて野鳥観察に出かけ、身近な鳥にも感激していたころと比べると、野鳥を見て感激する機会は減っているのではないでしょうか。その分、普段見られない鳥を見たときの感動は、鳥のことをよく知らないときよりも大きいとは思いますが、トータル的にみれば初めて野鳥観察をしていたころのほうが、もっと感動していたと思うのです。

また、私もそうですが、野鳥を見ることを仕事とした場合、野鳥観察に義務が発生します。朝早くて眠くても、冬の寒いときでも、強風の中でも、大雨のときでも、野鳥を観察に行かなければいけないという義務がつきまとってくると、野鳥を楽しむことを忘れがちになります。場合によっては野鳥観察に行くのが嫌になるかもしれません。周りの人からは「趣味を仕事にしているのはうらやましい」とよく言われます。こんな言葉をかけられると余計楽しいということに反発してしまいます。

もしそんな気持ちになったら野鳥観察を楽しんでいたころを思い出してください。皆さんの中にある「野鳥観察は楽しい！」という初心を思い出してほしいのです。今後も、趣味であれ仕事であれ、野鳥観察を楽しむという気持ちを忘れず持ち続けてほしいと思います。そこが私たちにとって一番大切な根っこの部分です。

2023年4月　**藤井　幹**

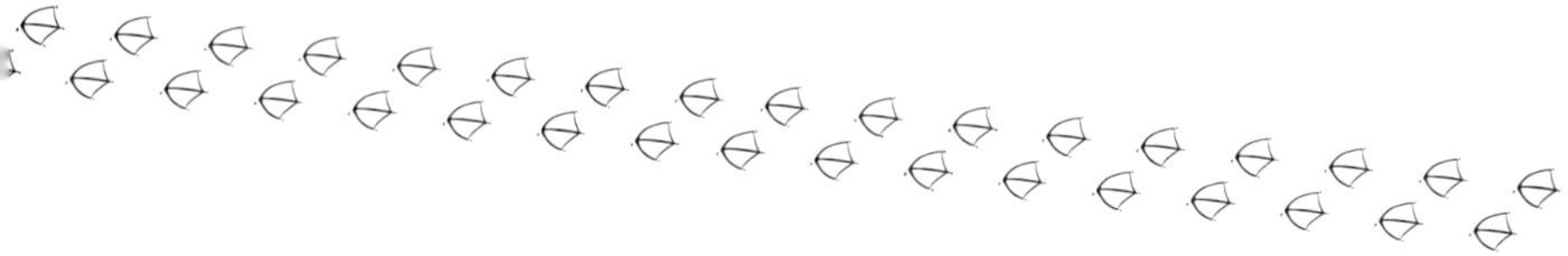

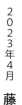

藤井《ふじい》 幹《たかし》

1970年広島県生まれ。現在は神奈川県在住。(公財) 日本鳥類保護連盟鳥所属。野鳥の調査や研究、保全活動を行う。趣味は鳥の羽根収集、冬虫夏草探し。著書に『動物遺物学の世界にようこそ!』[共著] (里の生き物研究会)、『野鳥が集まる庭をつくろう』[共著]、『世界の美しき鳥の羽根』(誠文堂新光社)、『羽根識別マニュアル』(文一総合出版) など。

イラスト　坂木浩子
図　　版　プラスアルファ
編集協力　嶋崎千秋　塩野祐樹
本文・カバーデザイン　代々木デザイン事務所
協　　力　公益財団法人日本鳥類保護連盟
　　　　　サントリーホールディングス株式会社

鳥《とり》はどこにいる!?　地図《ちず》・植生《しょくせい》・フィールドサインから探《さぐ》る
野鳥《やちょう》観察《かんさつ》を楽《たの》しむフィールドワーク

2023年5月16日　発　行　　NDC488

著　　者　藤井《ふじい》 幹《たかし》
発 行 者　小川雄一
発 行 所　株式会社 誠文堂新光社
〒113-0033 東京都文京区本郷 3-3-11
電話 03-5800-5780
https://www.seibundo-shinkosha.net/
印 刷 所　株式会社 大熊整美堂
製 本 所　和光堂 株式会社

ISBN978-4-416-52338-4